Matt Kracht

Dämliche Vögel

Bibliografische Information der Deutschen Nationalbibliothek
Die Deutsche Nationalbibliothek verzeichnet diese Publikation in der Deutschen Nationalbibliografie. Detaillierte bibliografische Daten sind im Internet über http://d-nb.de abrufbar.

Für Fragen und Anregungen
info@rivaverlag.de

Wichtiger Hinweis
Ausschließlich zum Zweck der besseren Lesbarkeit wurde auf eine genderspezifische Schreibweise sowie eine Mehrfachbezeichnung verzichtet. Alle personenbezogenen Bezeichnungen sind somit geschlechtsneutral zu verstehen.

1. Auflage 2022

Türkenstraße 89
80799 München
Tel.: 089 651285-0
Fax: 089 652096

First published in English by Chronicle Books, LLC, San Fransisco, California.

Die amerikanische Originalausgabe erschien 2021 bei Chronicle Books unter dem Titel *The Field Guide to Dumb Birds of the Whole Stupid World*. © 2021 by Matt Kracht. All rights reserved.

Übersetzung: Peter Peschke
Umschlaggestaltung: Sonja Vallant
Design: Maggie Edelman
Umschlagabbildung: © Matt Kracht
Satz: Müjde Puzziferri, MP Medien, München
Druck: Florjancic Tisk d.o.o., Slowenien
Printed in the EU

ISBN Print 978-3-7423-1987-6
ISBN E-Book (PDF) 978-3-7453-1726-8
ISBN E-Book (EPUB, Mobi) 978-3-7453-1727-5

Matt Kracht

Dämliche Vögel

Ein weniger praktischer Ratgeber

riva

Für meine Mom, die mich mit Liebe und Lachen erzogen hat
und mich von Anfang an ermutigte, mich meiner Fantasie zu bedienen.
Sie war es auch, die mir sagte, ich solle mich auf meinen Hintern
setzen und diesen Vogel-Aufsatz fertig schreiben.

Inhaltsverzeichnis

Einleitung

Wenn ich auch die schmutzigen Details meiner persönlichen Einführung in die Vogelkunde bereits in meinem ersten Buch, *The Field Guide to Dumb Birds of North America*, dargelegt habe, so glaube ich doch, dass eine Wiederholung an dieser Stelle angebracht ist, und zwar des Kontextes wegen.

Ich lernte im Alter von zehn Jahren die Freuden der Vogelbeobachtung kennen, dank einer netten Grundschullehrerin, die selbst eine begeisterte Amateur-Ornithologin war. Aufgrund ihrer Leidenschaft für alles Gefiederte wurde unsere Klasse in die Vogelkunde eingeführt und profitierte von diversen Exkursionen zu verschiedenen Vogelschutzgebieten und nebligen Waldwegen im Nordwesten Washingtons, wo ich aufgewachsen bin und auch heute noch wohne.

Ich erinnere mich sogar noch an eine verregnete Wildwasser-Rafting-Tour auf dem Skagit River. Dort erlebte ich das Naturschauspiel der Weißkopfseeadler, die in großer Zahl angeflogen kamen und sich an den erschöpften Lachsen labten, die sich vom Pazifik flussaufwärts gekämpft hatten, um hier zu laichen. Wenn ich so zurückdenke, war es wohl kaum das, was man als Wildwasser bezeichnen würde – auch wenn es auf diesem Teil des Skagit ein paar kleinere Stromschnellen gegeben haben mag –, aber für mich war es das pure, unverfälschte Abenteuer in der freien Natur.

Ich habe schöne Erinnerungen an diese prägende Zeit meiner Kindheit, in der sich alles um die Erkundung der Ornithologie und der Natur drehte, aber es gab damals auch ein eher traumatisches Erlebnis, das mit einem Aufsatz über Vögel zu tun hatte, den ich schreiben sollte und der im Kopf des Zehnjährigen, der ich war, zu meinem ersten großen akademischen Fehlschlag wurde.

Dazu gehörte eine Vielzahl von kläglichen Exkursionen in der kalten, nassen Landschaft des pazifischen Nordwestens – frustrierend erfolglose Versuche, das notorisch schwer zu entdeckende Indianergoldhähnchen zu beobachten (das mir zugewiesen wurde, trotzdem ich darum gebeten hatte, meinen damaligen Lieblingsvogel studieren und beschreiben zu dürfen, die allgegenwärtige Schwarzkopfmeise). Ich nehme an, ich hätte meine Informationen auch einfach gleich in der Bibliothek einholen können, allerdings war ich der Meinung, dass es sich hier um *eine Angelegenheit der Wissenschaft* handelte, und dafür waren Beobachtungen aus erster Hand erforderlich, zusammengetragen in freier Natur. Ja, diese Art von Kind war ich.

Nachdem ich meine gesamte Feldforschungszeit damit verbracht hatte, definitiv kein einziges Goldhähnchen zu beobachten, gipfelte mein Versuch, einen Vogelbericht zu verfassen, letztendlich darin, dass ich den letzten Tag meiner Weihnachtsferien damit verbrachte, einen minderwertigen Bericht zusammenzuschustern, der auf dem basierte, was ich in einem alten *Peterson Field Guide* und der *Encyclopaedia Britannica* aus unserem heimischen Bücherregal herausschreiben konnte – mit Tränen in den Augen und der Angst vor der nahenden Abgabe im Nacken. Ich glaube, ich erhielt eine zufriedenstellende Note, aber es fühlte sich wie eine bittere Demütigung an, und ich konnte niemandem außer mir selbst die Schuld dafür geben.

Im Laufe der Zeit gelang es mir, über diese spezielle Episode akademischer Minderleistung hinwegzukommen, und schließlich vergaß ich den Bericht ganz, bis mehr als dreißig Jahre später im Gestrüpp am Wegesrand ein verfluchtes *Indianergoldhähnchen* auftauchte – nachdem es mir in meinem ganzen bisherigen Leben kein einziges Mal gelungen war, ein Exemplar in freier Wildbahn zu beobachten. Es verhöhnte mich, indem es alle meine Versuche vereitelte, ein gutes Foto von ihm zu machen, um dann für immer davonzufliegen. Bis zum heutigen Tag habe ich kein weiteres Goldhähnchen gesehen.

Dies war die Geburtsstunde meines ersten Buches. Dank einer Lehrerin, die sich endlos ins Zeug legte, um uns ihre Liebe zu den Vögeln zu vermitteln, habe ich schließlich eine lebenslange Faszination für sie entwickelt. Aber wegen dieses elenden Aufsatzes hege ich womöglich

auch einen gewissen unterbewussten Zorn auf sie. Während es mir also Spaß macht und mich fasziniert, Vögel zu beobachten und etwas über sie zu lernen, habe ich auch gelernt, den kleinen Scheißern einen Dämpfer zu verpassen, wenn sich mir die Möglichkeit bietet.

Nachdem mir das mit meinem ersten Feldführer, *Dumb Birds of North America,* in gewissem Umfang gelungen ist, habe ich mir nun den Rest der Welt vorgenommen. Niemand sonst wird es Ihnen frei heraus sagen, und ich begreife es als meine Aufgabe, der ganzen Welt die Wahrheit mitzuteilen: Vögel sind faszinierend, wunderbar und dumm, und sie sind Idioten.

Zum Aufbau dieses Buches

Wenn Sie mit der Vogelbeobachtung noch nicht vertraut sind, kann es von Vorteil sein, sich zunächst mit diesem Feldführer und seiner Gliederung vertraut zu machen – insbesondere mit dem Teil, der die Vögel enthält. Zusätzlich zu einer Zeichnung des Vogels enthält jeder Eintrag eine Beschreibung sowie Hinweise zu Verbreitungsgebiet, Verhalten, Rufen und der allgemeinen Wesensart des Tieres. Auf diese Weise erhalten sie nicht nur eine Hilfestellung bei der korrekten Identifizierung der verschiedenen Vögel, sondern Sie lernen auch, deren Naturell in einem tieferen Sinne zu verstehen und wertzuschätzen.

Neben den Beschreibungen und Spezifika der in diesem Band vorgestellten Vögel finden Sie auch nützliche Informationen zu vielen Themen wie Vogelregionen und Identifizierungsmethoden sowie zur Ethik der Vogelbeobachtung; ja, Sie finden hier sogar einen kurzen Abschnitt darüber, wie Vögel im Laufe der Menschheitsgeschichte in der Kunst dargestellt wurden. Darüber hinaus habe ich einen Abschnitt mit einer Reihe von Ressourcen und Aktivitäten erstellt, die ich persönlich entwickelt habe, um die kritischen Vogelbeobachtungs-Skills des gemeinen Vogelbeobachters zu schärfen. Auf diese Weise können Sie die gefiederten Scheißer schnell und treffsicher bestimmen.

Teil I

Die große weite Welt der dämlichen Vögel

Wenn Sie einen Wissenschaftler fragen, wie auf unserem Planeten die Vögel verteilt sind, wird er Ihnen wahrscheinlich etwas über »zoogeografische Regionen« erzählen wollen: Ein ziemlich selbstbewusst auftretender Wissenschaftsbereich, präzise, aber dröge und zudem stets im Wandel begriffen, wie das so häufig der Fall ist.

Schalten Sie ruhig ab und denken Sie an etwas Angenehmes, während sich Ihr wissenschaftlich geschulter Freund ausführlich über die Quantifizierung phylogenetischer Verwandtschaftsbeziehungen auslässt und Phrasen wie »weitere aufschlussreiche Phänomene« verwendet, weil er eben ein didaktischer Idiot ist – viel zu sehr damit beschäftigt, den Klang der eigenen Stimme zu genießen, als dass er bemerken würde , wie glasig Ihr Blick geworden ist. Hier ist alles, was Sie wirklich zum Thema wissen müssen:

Es gibt sechs oder sieben Gebiete auf der Welt, die von Tiergeographen auf Grundlage der Verteilung von charakteristischem Tierleben definiert wurden.

So. Das war ʼs eigentlich schon. Aber wenn Sie sich für die Geschichte dieses Themas interessieren: Im 19. Jahrhundert stritten sich eine ganze Reihe von Wissenschaftlern über diese Regionen und über die

Frage, wie viele davon es gibt. Im Jahr 1876 gewann der britische Forscher und Naturwissenschaftler Alfred Russel Wallace diesen öden Nerd-Wettbewerb, und deshalb sind nun die von ihm definierten Regionen unsere Referenzwerte und er firmiert als Vater der Biogeografie. (Nichts für ungut, Ludwig Karl Schmarda, Ihr Buch *Die geographische Verbreitung der Thiere* [1853] war ein hervorragender Versuch, aber aus Sicht biogeografischer Wissenschaftler können Sie es sich sonst wohin stecken.)

Heute bezeichnen wir die zoogeografischen Regionen wie folgt: Paläotropis (bestehend aus Orientalis und Afrotropis), Holarktis (bestehend aus Paläarktis und Nearktis), Neotropis, Australis sowie Archinotis (im Wesentlichen die Antarktis) – wobei einige dieser Namen ein wenig befremdlich anmuten. Es ist beschissen, ich weiß. Aber gehen wir mal davon aus, dass Wallace sich nichts Böses dabei gedacht hat.

ZOOGEOGRAFISCHE REGIONEN

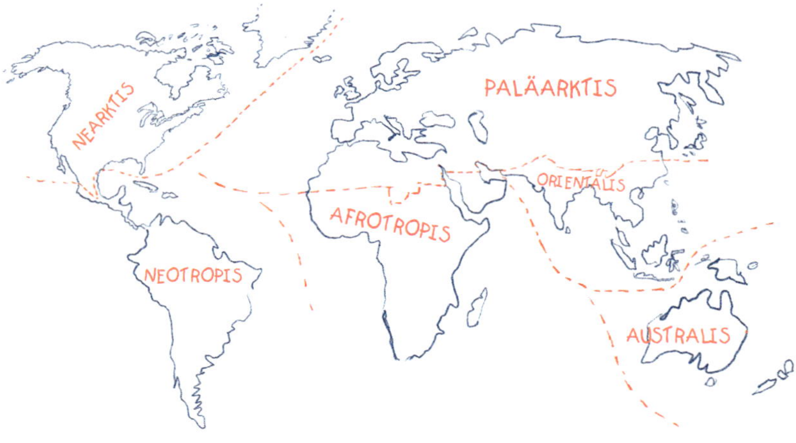

Es ist ungefähr so, als würde Ihr Großvater eine Geschichte erzählen, die mit dem Satz beginnt: »Du weißt, dass ich kein Rassist bin, aber …«

Für die Zwecke dieses Buches wollen wir uns jedoch nicht irritieren lassen von den kulturell unsensiblen Ideen, die das wissenschaftliche Denken Wallaces und des 19. Jahrhunderts im Allgemeinen beherrschten.

Ich halte es für viel nützlicher, die Vögel einfach nach ihrem Grundtyp zu kategorisieren und ihr allgemeines Verbreitungsgebiet nach einem System von Regionen zu bestimmen, das ich auf Grundlage dessen entwickelt habe, was auch Nicht-Wissenschaftler bereits über unseren Planeten wissen, nämlich dass er in Kontinente unterteilt ist. Ich nenne dieses System »Die großen Vogelregionen dieser Erde«, und es ist selbst dann ziemlich simpel, selbst wenn man keinen Master-Abschluss in Phylogenetik hat. Gern geschehen.

Die großen
dieser

ARKTIS

NEUE KONTINENTE

1. NORDAMERIKA
2. SÜDAMERIKA

* (ein Haufen Inseln im Pazifischen Ozean – muss wohl zu Ozeanien gehören)

Antarktis

Vogelregionen
Erde

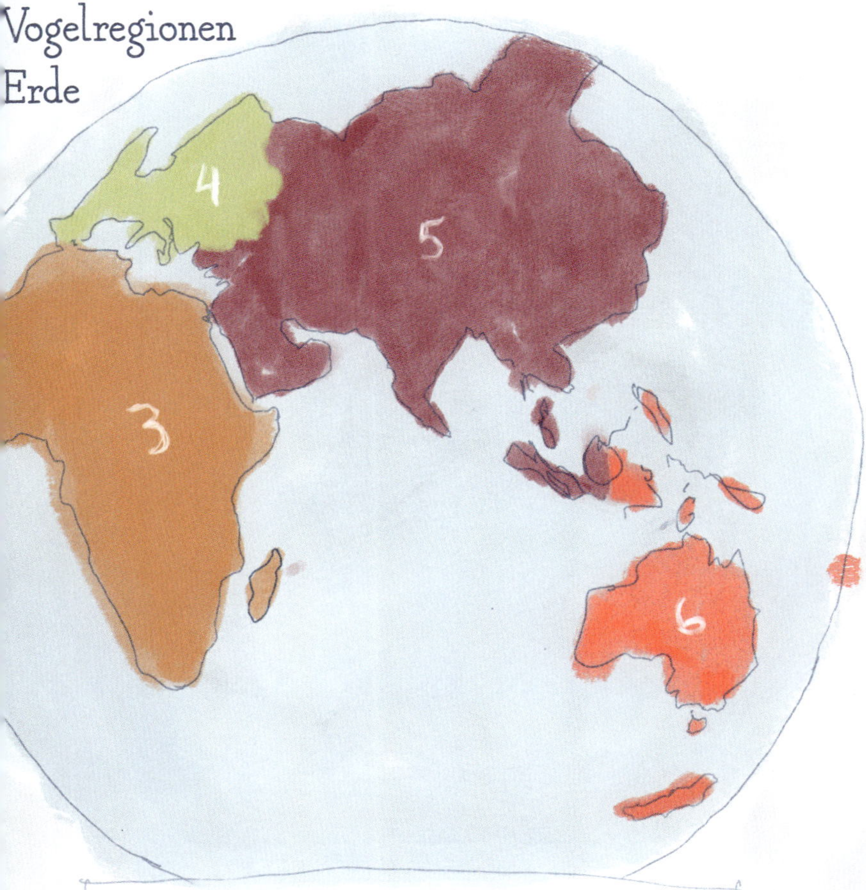

ALTE KONTINENTE

3. AFRIKA
4. EUROPA
5. ASIEN
6. OZEANIEN

Nordamerika

Die nordamerikanische Region umfasst die Vereinigten Staaten von Amerika sowie Kanada und Mexiko, aber das kann man ihr ja nicht verargen. Nach Angaben der National Audubon Society und des Cornell Lab of Ornithology sind hier mehr als zweitausend Vogelarten beheimatet, und mehr als ein Dutzend dieser Arten haben den Autor dieses Buches auf verschiedene Weise persönlich beleidigt.

Südamerika

Südamerika beginnt direkt am Allerwertesten von Nordamerika, und dazwischen baumelt Mittelamerika. (Nach Ansicht führender Kontinentalexperten gehört Mittelamerika eigentlich zu Nordamerika. Wenn Sie jedoch in Belize, Costa Rica, El Salvador, Guatemala, Honduras, Nicaragua, Panama, den Vereinigten Staaten oder Mexiko leben, sind Sie vielleicht anderer Meinung.) Jedenfalls haben Wissenschaftler herausgefunden, dass es in Südamerika arschviele Vögel gibt. Von allen Regionen kommen dort die meisten Vogelarten vor.

Afrika

Einige Wissenschaftler haben vor Kurzem argumentiert, dass die Verwendung von Vogelarten als primärer Indikator für die Vielfalt irreführend sei und dass stattdessen die Zählung der höheren taxonomischen Ebenen (z. B. Gattungen und Familien) ein besseres Maß sei. Damit ist das subsaharische Afrika technisch gesehen die vogelreichste Region der Welt. Diese Berechnung ist an eine Reihe komplexer Aspekte gekoppelt, die mit Phylogenetik und Verbreitungsdaten zu tun haben, aber diese Überlegungen stammen aus dem *South African Journal of Science*, und für mich umweht sie der Ruch wissenschaftlichen Biodiversitätsneids. Ich meine, warum ist

Afrika überhaupt so erpicht darauf zu beweisen, dass es die größte Vogelvielfalt hat? Es gilt doch bereits als Wiege der Menschheit, und warum sollte man den Menschen das verderben?

Europa

Europa liegt zwischen Asien, Afrika und dem Atlantischen Ozean und umfasst zum Zeitpunkt der Erstellung dieses Artikels etwa zehneinhalb Millionen Quadratkilometern. Und leider gibt es auf dem größten Teil davon Vögel. Das Beobachten von Vögeln ist hier ziemlich populär, vor allem im Vereinigten Königreich, wo die Menschen so besessen davon sind, dass einem angst und bange wird. Fairerweise muss man aber sagen, dass es in ganz Europa Vogelfreaks gibt, und viele dieser Vogelkundler werden Sie stolz darauf aufmerksam machen, dass die Ornithologie im modernen Zentraleuropa erfunden wurde. In Wirklichkeit aber begann die systematische Erforschung der Vögel im vierten Jahrhundert v. Chr. mit Aristoteles, und der war damals Grieche.

Asien

Diese Region ist fast zu groß, als dass man sinnvoll über sie sprechen könnte. Teilen wir sie deshalb in kleinere Gebiete auf: Zentralasien, Ostasien, Südostasien, Südasien (das so groß ist, dass es Indien einschließt – und haben Sie überhaupt einen Schimmer, wie verdammt groß Indien ist?), Westasien … Wahrscheinlich gibt es noch ein oder zwei weitere Asien, die ich vergessen habe; Geografie ist nicht mein Fachgebiet. Was wir aber wissen, ist, dass es in ganz Asien Vögel gibt, und einige von ihnen sehen ziemlich seltsam aus.

Ozeanien

»Ozeanien« – das klingt doch sehr nach einem fantastischen, geheimen Unterwasserkönigreich, das von einer uralten Rasse intelligenter

Wassermenschen regiert wird, die ihren Dreizack schwingen und Kleidung tragen, die vage an das hellenistische Zeitalter erinnert (und dass, obwohl sie unter Wasser leben). Diese Wesen verfügen über riesige Unterwasserbibliotheken, die jahrtausendealtes geheimes Unterwasserwissen enthalten, das in riesige Muschelschalen eingraviert wurde. Und sie können telepathisch mit ihren Verbündeten, den Delfinen, kommunizieren. Erstaunlich! Aber freuen Sie sich nicht zu früh – Ozeanien besteht eigentlich nur aus Australien und Neuseeland und vielleicht noch ein paar weiteren Inseln. Es ist kein Unterwasserreich, was wirklich sehr enttäuschend ist, insbesondere in Anbetracht der Tatsache, dass der Meeresboden die wohl einzige vogelfreie Zone der Erde sein dürfte.

Geeignete Orte zur Vogelbeobachtung

Eigentlich sind Vögel so ziemlich überall. Wohin man auch sieht – ob es uns nun recht ist oder nicht. Wenn man die Augen offenhält, wohin der Blick auch fällt. Sollten Sie aber aus irgendeinem Grund noch Hilfe brauchen, sind hier ein paar Hinweise, wo man sie finden kann:

1. **Draußen in der Natur, selbstverständlich.** Wenn Sie nicht sofort einen Vogel in der Luft entdecken, können Sie sie in Bäumen und Büschen, auf dem Boden, im Wasser und so weiter finden. Sollten Sie sie nirgends sehen, versuchen Sie mal hinzuhören, denn Vögel machen oft eine Menge Lärm und zerstören damit die friedliche Stille der Natur. Die Natur ist vogelverseucht.

2. **Im eigenen Garten.** Selbst wenn Sie nur einen bescheidenen kleinen Garten oder ein paar Bäume vor dem Haus stehen haben, sollten Sie dort einmal nachsehen. Die meisten Vögel sind zu dumm, als dass sie den Unterschied zwischen Ihrem Garten und der freien Natur kennen würden.

3. **In der Stadt.** Sie müssen nicht in einem Landhaus wohnen, um Vögel entdecken zu können. Vielleicht glauben Sie, dass Vögel nur in schönen Wäldern und auf wonnigen Wiesen heimisch sind – und eventuell noch in den Parks am Stadtrand. Doch nur ein Blick auf den Schlamassel, den sie auf Parkbänken oder Café-Tischen überall in der Stadt hinterlassen, beweist das Gegenteil. Geben Sie acht, wo Sie sich hinsetzen.

4. **Nahezu überall auf der Welt.** Von Pol zu Pol – in heißen und in kalten Klimazonen, in der Wüste und am Meer, im Tropendschungel und was Ihnen sonst noch so einfällt –, in fast jeder Gegend auf diesem Planeten sehen Sie: *Vögel*. Glauben Sie mir, man kann ihnen nicht entkommen. Niemals und nirgends.

Hinweise zur Vogelbestimmung

Wenn Sie in diesen Dingen bereits Bescheid wissen sollten, können Sie diesen Abschnitt gerne überspringen. Oder Sie lesen weiter, denn eine kleine Auffrischung kann nicht schaden, nicht wahr? Vielleicht sind Sie aber auch einer von diesen großen Kennern der Ornithologie – jemand, der zu wichtig ist, als dass er sich mit ein paar freundlichen Hinweisen rumschlagen würde. Mir doch egal, Sie Penner.

KÖRPERTEILE EINES VOGELS

Körperteile eines Vogels

Wenn Sie wissen wollen, auf welchen dummen Vogel Sie gerade blicken, dann ist die grundlegende Kenntnis der einzelnen Vogelteile der erste Schritt zur korrekten Identifizierung. Der Spatz ist ein gutes Beispiel: Er ist sehr langweilig, aber die ihm zugrundeliegende Form ist »Vogel«, und glauben Sie mir, so ziemlich alle Vögel setzen sich aus den gleichen Teilen zusammen.

Kopf: Vermutlich haben Sie das selbst schon herausgefunden, aber der Kopf ist im Allgemeinen das Ding oben auf dem Vogel. Es ist eine der besten Stellen, um nach Augen und Schnabel zu suchen, was Ihnen bei der Identifizierung ebenfalls weiterhelfen kann.

Besondere Kennzeichen können unter anderem der Scheitel (ganz oben auf dem Kopf), der Nacken (Hinterkopf), Augenring sowie Augenstreif und angeblich auch Augenbraue sein.

Schnabel: Auch Schildkröten und Tintenfische haben einen Schnabel, aber das soll uns hier nicht weiter interessieren. Beim Vogel jedenfalls spielen Form und Größe des Schnabels eine wichtige Rolle, wen es um den Versuch einer Identifizierung geht. Achten Sie immer genau auf diesen Teil, denn damit picken sie einem die Augen aus, sobald sie auch nur den Hauch einer Chance wittern.

Kinn: Das Kinn mag bei Vögeln schwer auszumachen sein, da die meisten von ihnen eine schwache Kinnpartie haben. Das deutet darauf hin, dass sie eine schwache Persönlichkeit haben und dass es ihnen an der nötigen Willenskraft fehlt, begonnene Projekte auch bis zum Ende durchzuziehen.

Kehle: Sie befindet sich zwischen dem Kinn und der Brust. Sollten Sie es nicht selbst schon erraten haben: Hier kommt der ganze verdammte Lärm her.

Hals: Die meisten Vögel haben keinen Hals, oder zumindest keinen, den man sehen kann, denn er ist in der Regel sehr kurz. Andererseits haben viele Watvögel extrem lange Hälse, sodass sich dort gut nach besonderen Erkennungsmerkmalen Ausschau halten lässt, dank derer diese schlaksig daherkommenden Mistkerle sich identifizieren lassen. Was Sie allerdings niemals sehen werden: einen Vogel mit einem normal langen Hals.

Rücken: Vogelbeobachter sollten sich mit den Rückenzeichnungen so vieler Arten wie möglich vertraut machen, da die meisten Vögel totale Arschlöcher sind und einem konsequent den Rücken zukehren, was zur Folge hat, dass man sie nicht identifizieren und auf der blöden Vogelliste abhaken kann.

Brust: Kann mitunter schwierig zuzubereiten sein, ohne dass das Fleisch zu trocken wird.

Abdomen: Geht von der Brust bis zum Unterschwanz. Wird manchmal auch Bauch genannt, aber nicht von Leuten, die es wert wären, dass man sie ernstnimmt.

Flanken: Die Flanken sind die Seiten des Vogels – zumindest in der Sprache der Ornithologen. Was für ein Haufen von Arschlöchern. Nennt es doch einfach die Seiten.

Flügel: Also echt mal, das werde ich hier gar nicht erst erklären. Die Flügel sind das, was den Vogel zum Vogel macht.

Bürzel: Der Bürzel ist der Bereich zwischen dem Rücken und dem Schwanz, also im Grunde genommen der Steiß. Bei den meisten Vögeln sticht der Bürzel nicht wirklich ins Auge. Einige wenige Arten haben jedoch eine besonders auffällige Bürzelfärbung, die Ihnen weiterhelfen kann, sollten Sie nicht imstande sein, den Vogel anhand aller anderen Merkmale zu identifizieren.

Schwanz: Dies ist der Teil, der aus dem Hinterteil des Vogels herausragt. Aufgrund der Vielzahl möglicher Formen, Längen und Farben ist der Schwanz für die Identifizierung eines Vogels von unschätzbarem Wert. Selbst die Art der Schwanzhaltung kann einem aufmerksamen Beobachter viel über einen Vogel verraten. Ich sage immer: »Wer den Schwanz oben trägt, trägt auch die Nase hoch.« Na ja, den Schnabel.

Kloake: Sie wissen sicherlich Bescheid. Wenn nicht: Lassen Sie sich nicht von der ausgefallenen anatomischen Terminologie täuschen; dies ist das Poloch. Vögel scheißen, wann immer ihnen danach ist und wann immer sie sich über Ihrem Fahrzeug befinden.

Zum Nicht-drauf-kloakommen: Haben Sie gewusst, dass die Kloake nicht nur zur Ausscheidung von Exkrementen, sondern auch zur Eiablage dient? Vögel sind ekelhaft.

Unterschwanzdecken: Allmählich wird's langweilig. Das sind die kurzen Federn unter dem Schwanz; sie weisen gelegentlich Farben oder Markierungen auf, die bei der Unterscheidung einiger Arten hilfreich sein können. Aber mal ernsthaft, wer schaut denn da überhaupt hin?

Beine: Länge, Farbe und sogar Dicke können bei der Identifizierung hilfreich sein. Wenn Sie einmal lachen wollen, stellen Sie sich einen Vogel mit fetten Beinen vor.

Füße: Darauf laufen die Vögel, wenn sie zu faul zum Fliegen sind.

Fun Fact: Die Füße der meisten Vögel haben die gleiche Farbe wie ihre Beine, aber das ist nicht immer der Fall! Wenn Sie also in der Ferne einen Vogel sehen und der Meinung sind, er könnte Schuhe tragen, dann behalten Sie das besser für sich. Denn es gibt viele Ornithologen, die Ihnen das ewig vorhalten werden.

Größe des Vogels

Ein weiteres Merkmal, das Ihnen bei der Identifizierung eines Vogels helfen kann, ist seine Größe. Dies kann besonders hilfreich sein, wenn Sie die Markierungen nicht genau erkennen können. Bei der Beurteilung der Größe eines Vogels kann es von Nutzen sein, das Tier mit einem bekannten Objekt zu vergleichen, das ähnlich groß ist. Ist dieser Vogel beispielsweise so groß wie eine Feige oder eher so groß wie Ihre Faust, die eine Feige zusammendrückt, bis sie platzt?

Form des Vogels

Hat der Vogel einen kleinen Körper mit langen, blöden Beinen oder ist er eher von plumper Gestalt und hat einen dicken Kopf? Kein Vogel gleicht dem anderen, aber alle lassen sich einer der sechs Hauptvogelformen zuordnen.

DIE SECHS HAUPTVOGELFORMEN

STANDARD

KLUMPEN

DRECKSACK

TREIBGUT

BEINBLÖDEL

MÖRDER

Teil 2

Die Vögel

Dies ist der Teil mit den ganzen Vögeln.

Wenn Sie mit den großen Feldführern vertraut sind, dann wissen Sie, dass es eine Reihe von Möglichkeiten gibt, Vögel zu kategorisieren. Die traditionell gestalteten Feldführer folgen der taxonomischen Ordnung, was super ist, wenn Sie besonders verklemmt oder ein Ornithologe sind.

Andere Führer ordnen die Vögel auf eine entspanntere Art und Weise, zum Beispiel nach Familie und Artenähnlichkeit. Wenn Sie es gerne so richtig schlampig mögen, gibt es sogar Führer, in denen die Vögel nach physischen Merkmalen geordnet sind, zum Beispiel nach ihrer Form oder der Größe ihres Schnabels. Dieser letzte Ansatz kann für eine schnelle Identifizierung im Feld unglaublich nützlich sein, aber glauben Sie mir, es gibt einige Akademiker, die in diesem Augenblick allein der Vorstellung wegen entrüstet die Lippen schürzen.

Alle diese Ansätze haben ihre Vorzüge, aber um ein besseres Verständnis der Vögel selbst zu fördern, ordnet dieser Leitfaden sie nach der Art Vogel, die sie tief in ihrem Inneren sind.

Typische Vögel

Sie kennen sie. Hier finden Sie die typischen Vögel – Spatzen, Finken, Grasmücken und dergleichen –, die allesamt typische Vogeldinge tun, wie zum Beispiel zwitschern, flattern und trällern. Die sich Samen aus dem Futterhäuschen nehmen, ohne ein Wort des Dankes. Diese Vögel haben im Allgemeinen schlechte Manieren, und die meisten von ihnen sind etwas unterbelichtet.

Klippenpuper

Anthus crenatus
Trivialname: Klippenpieper

Afrika hat viele sehr interessante, farbenfrohe Vögel, und dieser hier gehört nicht dazu. *Anthus crenatus* ist ein kleiner, kurzbeiniger Sperlingsvogel, der die meiste Zeit auf dem Boden verbringt. Er wurde als »durch und durch gewöhnlich« beschrieben, aber diese Beschreibung scheint ehrlich gesagt zu wohlwollend. Sagen wir einfach, dass dieser Vogel deprimierend beige daherkommt, und das ist vielleicht schon das Bemerkenswerteste an ihm. Er kommt in Südafrika vor und sieht aus wie Felsen.

VOGELREGION: AFRIKA

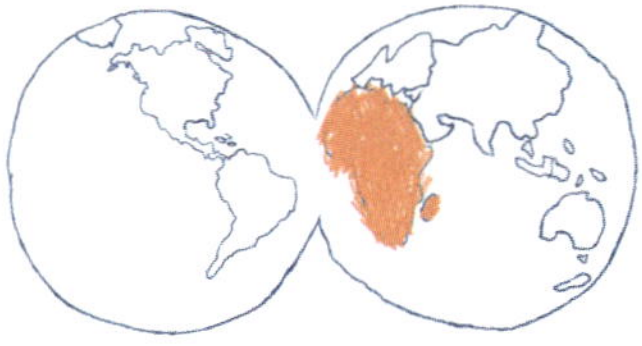

Klippen-
puper

Atzenmeise

Poecile hudsonicus
Trivialname: Hudsonmeise

Dieser braunbemützte Vogel aus der Familie der Meisen ist braun und öde. Er lebt still in den Wäldern des fernen nordamerikanischen Kontinents und zählt nicht zu den Zugvögeln. Wenn Sie also nicht gerade das Pech haben, in Alaska oder Kanada zu leben, werden Sie ihn wahrscheinlich nie zu Gesicht bekommen müssen. Und falls doch, würden Sie es vermutlich nicht mal bemerken. Er sucht gerne die Futterstellen in den Gärten seines Verbreitungsgebietes auf, jedoch gibt es keinen zwingenden Grund, sich die Mühe zu machen, nach ihm Ausschau zu halten.

Fun Fact: *Die Kanadier sind von diesem Vogel so gelangweilt, dass sie sich lustige Namen für ihn ausgedacht haben, um ihn irgendwie interessanter wirken zu lassen. Sie nennen ihn zum Beispiel chick chick, tom-tit oder gar fillady. Das hilft aber auch nicht wirklich weiter.*

VOGELREGION: NORDAMERIKA

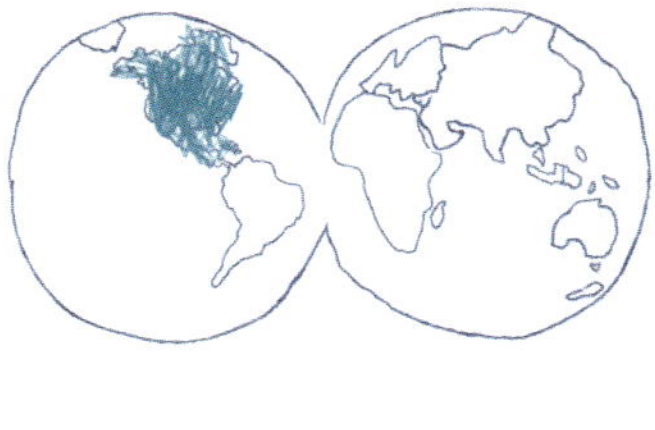

Atzenmeise

Mittelmaßfink

Poephila cincta

Trivialname: Gürtelgrasfink, Gürtelamadine

Dieser Vogel wurde von der Leserschaft des *Guardian Australia* zum australischen Vogel des Jahres 2019 gewählt. Er hat jedoch nicht gewonnen, weil er so ein toller Vogel ist, sondern weil er stark gefährdet ist und deshalb eine Menge medialer Aufmerksamkeit erhalten hat: Tierschutz-Vereine haben sich dafür eingesetzt, dass die Beeinträchtigung seines Lebensraums durch den Menschen nicht dazu führt, dass er ausstirbt. Das ist ein bisschen so, als würde man Sie auf dem Abschlussball zur Ballkönigin wählen – aber nur, weil all ihre Mitschüler ein schlechtes Gewissen haben, weil sie Sie in all den Jahren zuvor so mies behandelt haben. Trotz alledem wirkt dieser Fink aufdringlich fröhlich.

VOGELREGION: OZEANIEN

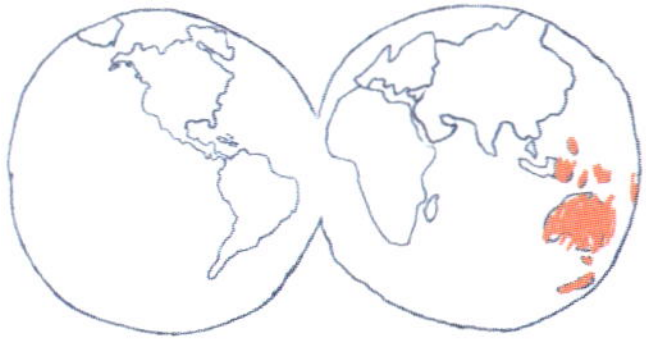

Mittelmaßfink

Dickdussel

Spiza americana
Trivialname: Dickzissel

Spiza americana, die Dickzissel, kommt im gesamten Osten und Mittleren Westen der Vereinigten Staaten vor und hat Heerscharen von Taxonomen in Verzweiflung gestürzt, die sich seit Jahren darüber streiten, ob es sich um einen Neuwelt-Sperling, eine Amsel oder einen Vertreter der Pirol-Familie handelt. Aktuell gibt es auch Bemühungen, sie den Kardinälen zuzurechnen. Vielleicht bleibt es bei dieser Zuordnung, aber glauben Sie mir, das finale Ergebnis wird nicht gerade mit Spannung erwartet. Der laute, lästige Gesang dieses Vogels besteht aus nichts als einem hartnäckig-dusseligen Refrain: »DICK! DICK-DICK-DICK, ZISS!«

Zur Identifizierung: *Dickdussel haben gelbe Flecken an den Augen und auf der Brust sowie einen schwarzen Latz, der wie ein Halsbart aussieht, was ekelhaft ist.*

VOGELREGION: NORDAMERIKA

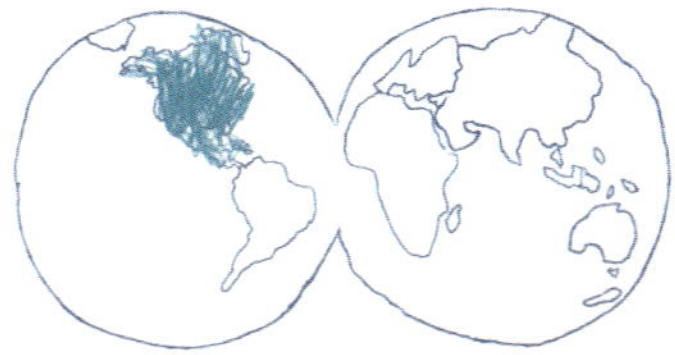

Dickdussel

Dumm-wie-b-Rotkehlchen

Erithacus rubecula

Trivialname: Rotkehlchen, Europäisches Rotkehlchen

In den meisten europäischen Ländern ist es nur eines von vielen Mitgliedern der Familie der Fliegenschnäpper (*Muscicapidae*), doch im Vereinigten Königreich hat dieser rotgesichtige Dummkopf einen besonderen Platz im Herzen der Menschen. Im Jahr 2015 wählten sie ihn zu ihrem Nationalvogel. Und warum? Wer weiß das schon. Er ist eindeutig viel zu fröhlich. Außerdem singt sich der kleine Mistkerl mitten in der Nacht sein dämliches Herz aus dem Leib, weil ihn das Licht der Straßenlaternen verwirrt. Wir haben es hier also mit einem gottverdammten Idioten zu tun.

VOGELREGION: EUROPA

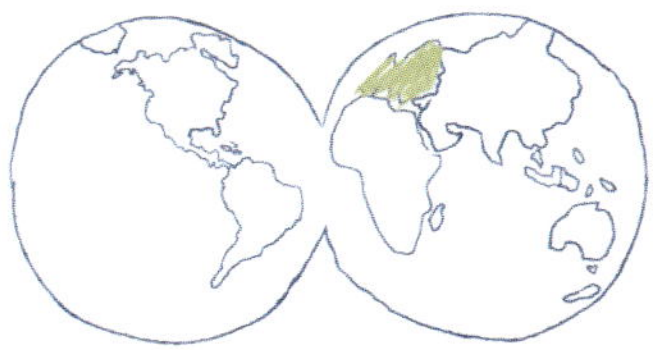

Dumm-wie-b-
Rotkehlchen

Kackenbraunelle

Prunella modularis
Trivialname: Heckenbraunelle

Der englische Name dieses Vogels lautet *dunnock* und leitet sich von dem Wort *dun* ab, was so viel wie »tristes Braun« bedeutet. Tatsächlich könnten diese Verlierer kaum trister daherkommen, selbst wenn sie es versuchen würden. Glauben Sie mir, diese Vögel sehen so langweilig aus, dass man sich lieber einen 18-Loch-Parkour Seniorengolf ansehen würde. Einige Wissenschaftler sind der Ansicht, dass dieser Vogel sich seine glanzlose Langweiligkeit als eine Art Tarnung zugelegt haben könnten. Eine Art von Adaption also, die ihm dabei helfen könnte, von Raubtieren unbemerkt zu bleiben. Aber sein unaufhörliches Rufen dürfte das wieder zunichtemachen. Sein laut klirrendes »ZIHT« und das hochtönende Trillern sind kaum zu ignorieren, wie sehr man sich auch bemüht.

VOGELREGION: EUROPA

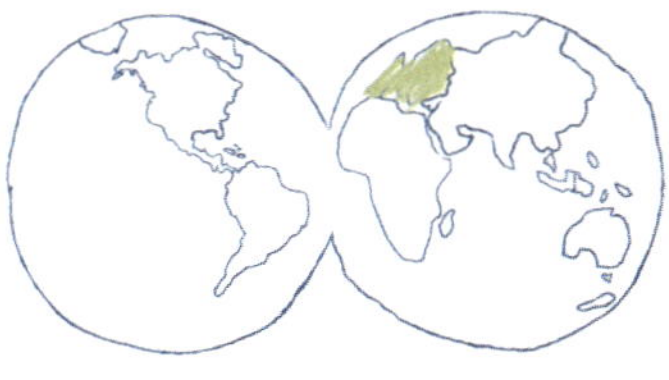

Kacken-
braunelle

Simpel

Pyrrhula pyrrhula
Trivialname: Gimpel, Dompfaff, Blutfink

Dieser Fink, anzutreffen in ganz Asien und Europa, wird häufig als »bullenköpfig« beschrieben – in Anlehnung an seinen englischen Trivialnamen *Eurasian Bullfink*. Dabei hat er in Wirklichkeit einen ziemlich kleinen Kopf, zumal im Verhältnis zu seinem fetten Körper. Er ist ein eher ruhiger kleiner Vogel – indes geht er insbesondere den Landwirten (s)tierisch auf die Eier, weil der gefräßige kleine Scheißer sich an den zarten Knospen der Obstbäume gütlich tut und auf diese Weise den Großteil einer Obstplantage auslöschen kann, noch bevor die Früchte überhaupt gewachsen sind. Wenn dann aber keine jungen Knospen mehr vorhanden sind, atzt er sich aber natürlich gerne auch am Obst, an den Beeren und Samen, die noch übrig sind. Was für ein Arschloch.

VOGELREGION: ASIEN UND EUROPA

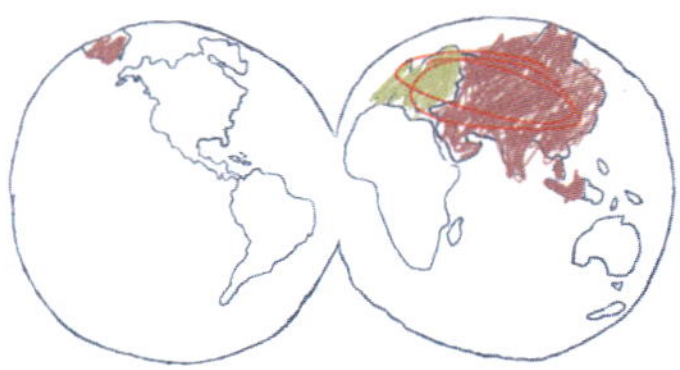

Simpel

Carolinabraundödel

Thryothorus ludovicianus
Trivialname: Carolinazaunkönig

Wenn man im Osten der Vereinigten Staaten an trägen Sommertagen einfach mal die Augen schließt und ein oder zwei Minuten hinhört, bekommt man wahrscheinlich das durchdringende Trillern des männlichen Carolinazaunkönigs zu hören, denn innerhalb seines Verbreitungsgebietes ist er in so ziemlich jedem lausigen Waldstück zu finden. »TICK-TICK! TETT-TETT-TETT!«, hört man ihn hochnäsig rufen. Man merkt ihm an, dass er viel von sich hält, denn das kleine Großmaul reckt Schnabel und Schwanz in die Höhe, als wäre er etwas Besonderes, dieser arrogante Depp.

> ***Zur Identifizierung:*** *Braun mit weißen Augenbrauen und einem Anflug von Selbstgefälligkeit*

VOGELREGION: VEREINIGTE STAATEN SOWIE TEILE VON KANADA UND MEXIKO

Carolinabraun-
dödel

Hohlmeise

Parus major
Trivialname: Kohlmeise

Soll man den englischsprechenden Teil der Weltbevölkerung nun bedauern oder beneiden? Dort lautet der Trivialname dieses Vogels allen Ernstes *Great Tit*. Ja, Himmel, Arsch und Zwirn, wie kommt denn irgendwer auf die hohle Idee, einen Vogel so zu benennen? Zunächst einmal ist der Name nicht nur eine eklatante Falschbewerbung, sondern er macht es auch enorm schwierig, über diese Meisenart zu schreiben, ohne dass jeder zweite Satz wie ein anzügliches Wortspiel wirkt. Außerdem: Was soll man denn antworten, wenn man mit Fernglas im Park steht und gefragt wird, was man da beobachtet. Wie schnell hat man ein Riesenmissverständnis am Hals, wenn es aus einem herausplatzt: »*A pair of Great Tits.*« Wer auch immer diesem verdammten Vogel seinen Namen gegeben hat: Herzlichen Dank dafür!

Wissen Sie was? Belassen wir es doch einfach dabei, dass dieser kleine Sperlingsvogel von gelblicher Färbung ist, mit weißen Wangen, einer schwarzen Kappe und einem schwarzen Latz. Und damit genug – in Ordnung?

VOGELREGION: EUROPA

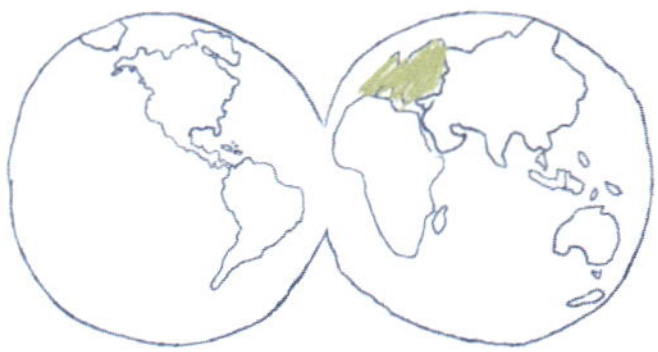

Hohlmeise

Dröhnlaubenvogel

Ailuroedus crassirostris
Trivialname: Grünlaubenvogel

Dieser Vogel zählt zu den Katzenvögel, denn sein lautes Rufen wird häufig als katzenähnlich beschrieben. Es variiert jedoch erheblich und kann manchmal auch mit dem Weinen eines Kindes verwechselt werden. Oder man hält es für das grausige Geschrei einer schrecklichen, vampirähnlichen Kreatur. Zugegeben, es gibt ziemlich große Unterschiede zwischen den Geräuschen einer Katze, denen eines Babys und denen eines dämonischen Untoten. Aber sicher können wir uns alle darauf einigen, dass niemand frühmorgens von einem dieser Geräusche wachgeschreckt werden möchte. Darum haltet bitte die Klappe, Katzenvögel.

Farbe: *Viel zu elendig grün*

VOGELREGION: OZEANIEN (AUSTRALIEN)

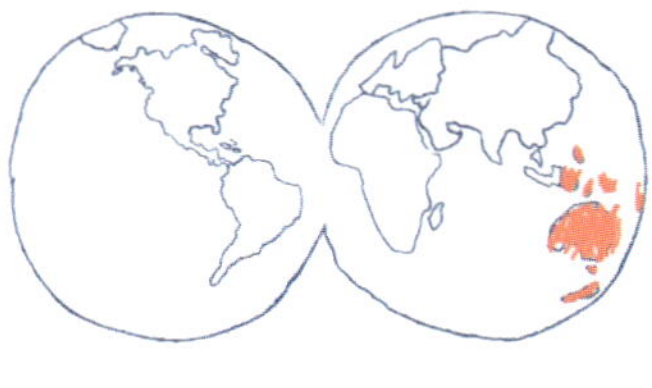

Dröhnlaubenvogel

Trauerschwachkopfstelze

Motacilla alba yarrellii
Trivialname: Trauerbachstelze

Dieser kleine Sperlingsvogel, eine Unterart der Bachstelze (*Motacilla alba*), brütet fast ausschließlich in Großbritannien und Irland. Er nistet oft in städtischen Gebieten, wo sich dann aber bisweilen Tausende von Quartieren finden. Auffällig ist sein ausgeprägtes Schwanzwippen, immerzu auf und ab. Auf den ersten Blick sieht das aus wie der unbeholfene Versuch, die peinlichen Düfte eines Blähanfalls fortzuwedeln. Allerdings betreibt das Tier dieses Schwanzwippen derart unablässig, dass es eher auf einen schweren nervösen Tick hinzudeuten scheint. In Verbindung mit seinem schnellen Gang, den erratischen Bewegungen und der allgemeinen Schreckhaftigkeit dieses Vogels kann man ziemlich sicher davon ausgehen, dass er ein paar ernsthafte Probleme hat.

VOGELREGION: EUROPA

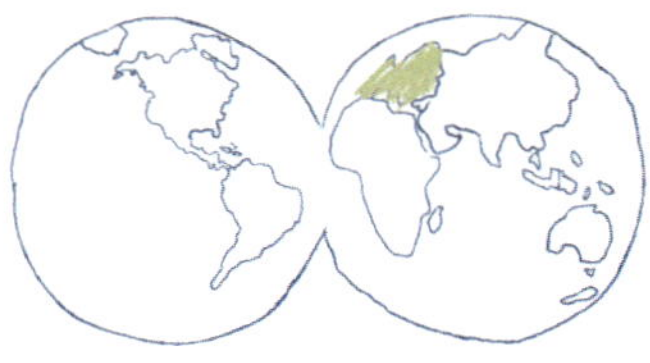

Trauer-
schwachkopf-
stelze

Dummherumtreiber

Sitta canadensis
Trivialname: Kanadakleiber

Dieser kleine Vogel ist ein irrer Bastard. Ich mache keine Witze; er kann schier nicht aufhören mit seinem Gewusel. Auf der Suche nach Nahrung flitzt er wie wahnsinnig in den Nadelbäumen umher, in Borkenspalten hinein und wieder raus, über jeden Ast … Er zappelt auf Baumstämmen und Tannenzapfen herum, als wären Oben und Unten ein und dasselbe. Das allein reicht schon, um einen bekloppt zu machen. Und dazu noch dieser verdammte nasale Ruf: »ENK, ENK, ENK!« Grundgütiger.

Beschreibung: *Wirklich sehr, sehr klein. Blaugrau mit rostfarbener Brust. Schwarz-weißer Kopf. Der Schwanz ist zu kurz für seinen Körper. Meine Meinung.*

VOGELREGION: NORDAMERIKA

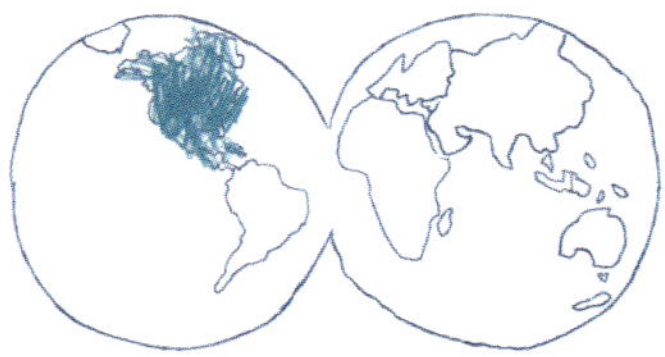

Dummherumtreiber

Garten-Albtraumläufer

Certhia brachydactyla

Trivialname: Gartenbaumläufer

Es gibt vier Unterarten des Gartenbaumläufers, aber das spielt eigentlich keine Rolle, denn jede dieser Arten ist streiffleckig braun und sie sind voneinander quasi nicht zu unterscheiden. Das gilt für alle Baumläufer überall auf der blöden Welt. Sie alle haben gebogene Schnäbel und steife Schwänze und verbringen ihre Zeit damit, Bäume hinaufzuhüpfen, um unter der Rinde nach Insekten zu suchen. Die nervtötenden, repetitiven »TÜT-TÜT-TÜT!«-Rufe dieses Vogels sind schon schlimm genug, aber warten Sie nur, bis Sie seinen schrillen »Gesang« hören, der aus hochtönenden, schnell durcheinander geworfenen Noten besteht. Das reicht aus, um Sie dem Wahnsinn nahezubringen, insbesondere dann, wenn Sie eigentlich nur entspannt im Wald spazieren gehen wollten.

VOGELREGION: BEINAHE GANZ EUROPA

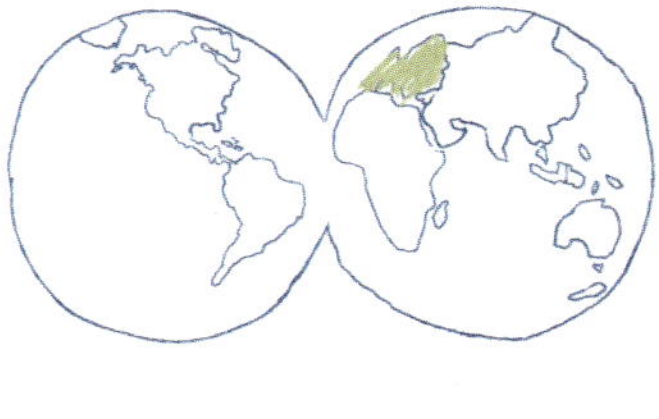

Garten-
Albtraumläufer

Prachttrottelschwanz

Malurus cyaneus
Trivialname: Prachtstaffelschwanz

Auch hier lohnt ein Blick auf den englischen Trivialnamen: Dort nennt man den Prachtstaffelschwanz *Superb Fairywren*, was sich mit »Prächtiger Feenzaunkönig« übersetzen lässt. Geht's vielleicht 'ne Nummer kleiner? Dass sich aber niemand täusche: Nicht nur ist dieser Vogel kein echter Zaunkönig, sondern es ist auch sonst wenig Prächtiges an ihm. Er zählt zur Familie der australischen Staffelschwänze (*Maluridae*) – kleine Sperlingsvögel, die in Südostaustralien heimisch sind. Sie fliegen herum und fressen Insekten. Ein ziemliches Standardprogramm für viele Vögel, soviel sei ihm zugestanden. Als interessant darf man wohl die Tatsache werten, dass die Männchen helle cyanblaue Flecken auf ihren Kappen und Wangen haben, die zufällig dieselbe Farbe haben wie das Armani-Jackett, das Don Johnson in der zweiten Staffel der erfolgreichen Achtzigerjahre-Serie *Miami Vice* trug. Verdammt, wie habe ich diese Serie geliebt. Mal abgesehen von den ganzen Vögeln im Vorspann.

VOGELREGION: OZEANIEN

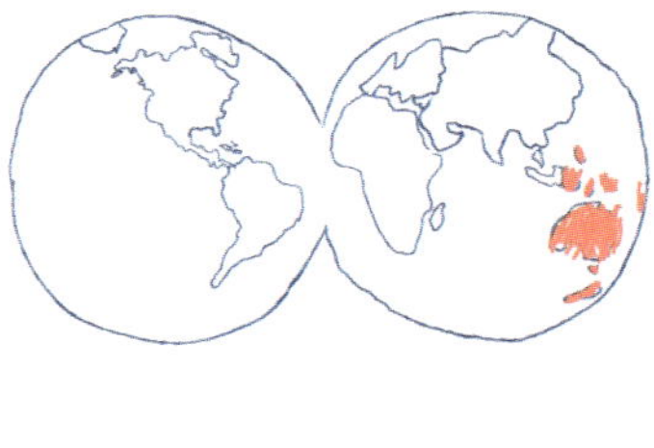

hochschwänzig,
hochnäsig
Prachttrottel-
schwanz

Kronenwaldplärrer

Setophaga coronata
Trivialname: Kronenwaldsänger

In jedem mittelhohen Nadelwald, in jedem vorstädtischen Hinterhof Nordamerikas werden Sie diesen kleinen braun-gelben Mistkerl aller Wahrscheinlichkeit nach irgendwann einmal zu Gesicht bekommen. Strenggenommen wird es einer von vier möglichen Mistkerlen sein: In den frühen 1970er-Jahren beschloss die Amerikanische Ornithologen-Vereinigung, Kronenwaldsänger, Schwarzstirnwaldsänger, Goldmanwaldsänger und Audubonwaldsänger zu einer Art zusammenzufassen, weil sie im Grunde genommen eh allesamt derselbe dumme Vogel sind. Wie zu erwarten, plädieren dieselben Vogelwissenschaftler heute dafür, das Ganze *rückgängig* zu machen und die Art wieder in vier Unterarten aufzuteilen. Ob nun eine oder vier Arten, eine Frage wird bleiben: Wen interessiert's?

VOGELREGION: SO ZIEMLICH AN JEDEM VERDAMMTEN ORT IN NORDAMERIKA

Kronenwald-
plärrer

Garten-Arschlöcher

Diese Mistkerle sind in bewohnten Gegenden ein recht gewöhnlicher Anblick. Nicht selten entdeckt man sie bei einem Blick aus dem Fenster, und vermutlich lästern sie gerade mit ihren Freunden über uns ab. Häufig sind es sehr arrogante Wesen.

Pestfrischer Buschkräher

Aphelocoma californica
Trivialname: Westlicher Buschhäher

Aufgrund des Klimawandels hat dieser selbstgefällige Mistkerl seine Vogelregion ausgedehnt. Fand man ihn früher hauptsächlich in Kalifornien, verbreitete er sich allmählich entlang der amerikanischen Westküste, bis hin zum Bundesstaat Washington. Mittlerweile stört er auch in meinem Garten regelmäßig den Frieden – mit seinem elendig lauten, harschen Ruf. Früher lautete die englische Trivialbezeichnung dieses Vogels *Western Scrub Jay*, aber weil ein paar Wissenschaftlern langweilig war, beschlossen sie, ihn in zwei verschiedene Arten aufzuteilen. Während man nun den *California Scrub Jay* in den Küstengebieten antrifft, siedelt im Landesinneren der *Woodhouse Scrub Jay*. Beide Arten sind selbstgefällige Arschlöcher.

VOGELREGION: NORDAMERIKA, WESTKÜSTE, DEFINITIV ABER IN DEN GARTENBÄUMEN DES AUTORS

Pestfrischer
Buschkräher

Rotkackbrutal

Cardinalis cardinalis
Trivialname: Rotkardinal, Roter Kardinal

Verdammt sei er, dieser knallrote Bastard, der in seinem leuchtend roten Gefieder wichtigtuerisch durch die Gegend stolziert. Seine lauten Pfeiftöne zerreißen die Stille in den Gärten von Mexiko über die östlichen Bundesstaaten der USA bis hinauf nach Kanada. Die Männchen verteidigen ihr Brutgebiet aggressiv, indem sie singen oder eindringende andere Männchen angreifen. Manchmal attackieren sie sogar ihr eigenes Spiegelbild. Wie so viele gutaussehende Vögel sind sie dumm, doch sie sind auch oberflächlich und unsicher, weshalb sie auf jeden losgehen, den sie für attraktiver halten als sich selbst.

VOGELREGION: NORDAMERIKA

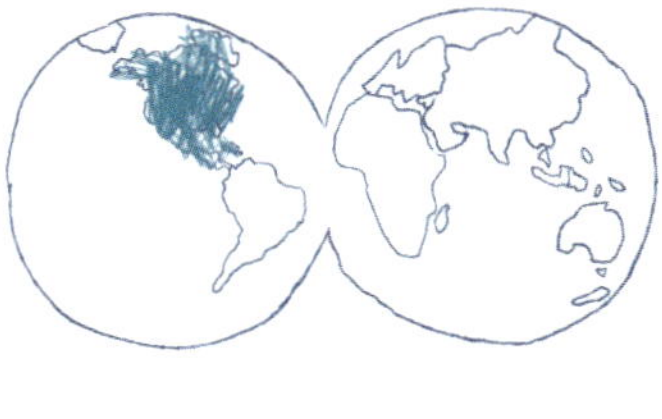

Rotkack-
brutal

Gottverdammte Elster

Pica pica
Trivialname: Elster

Die Elster hat den Ruf, ein Dieb zu sein. Im Volksmund heißt es, dass sie von glänzenden Gegenständen angezogen wird und gerne Münzen und Schmuck stiehlt. Universitätsstudien im Vereinigten Königreich haben jedoch gezeigt, dass dies nicht zutrifft. Zutreffend ist vielmehr, dass Elstern ganz und gar *wahllose* Diebe sind, die sich mit Gegenständen aller Art davonmachen, ob diese nun glänzen oder nicht. Schlimmer noch: Diese kriminellen Arschlöcher stehlen häufig Eier und sogar hilflose Küken aus den Nestern von Singvögeln. Mag sein, dass sie es nicht auf Wertsachen im Speziellen abgesehen haben, aber trotzdem rate ich Ihnen, Ihren Autoschlüssel nicht aus den Augen zu lassen.

> **Beschreibung:** *Schwarz und Weiß mit verschlagenen, nicht vertrauenswürdig aussehenden Augen*

VOGELREGION: EUROPA

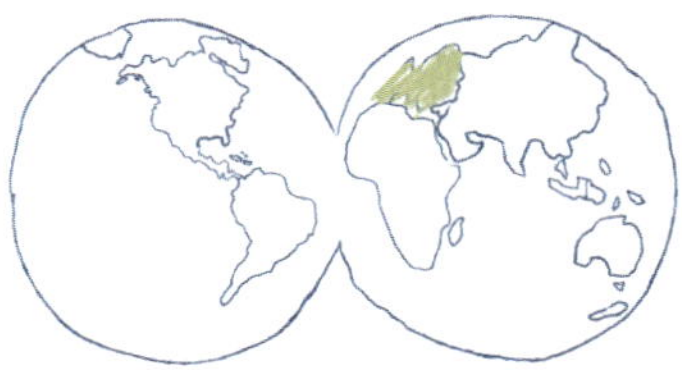

garantiert
geklaut
Gottverdammte
Elster

Leiderohne-Knebelkrähe

Corvus cornix
Trivialname: Nebelkrähe

Die Nebelkrähe ist eng mit der Aaskrähe verwandt und kommt in weiten Teilen Europas vor. In der keltischen Folklore wurde sie mit Morrígan in Verbindung gebracht, der gestaltwandelnden Königin des Krieges und des Schicksals, die Krieger zu großen Taten im Kampf anstachelt. Das ist jedoch lachhaft, wenn man einmal beobachtet hat, wie einer dieser Krähen-Trottel in einem Müllsack auf der Suche nach Essbarem herumstochert. In Wirklichkeit ist dieser Rabenvogel die Art von Arschloch, die anderen Vögeln die Eier stiehlt und einem Fleischstücke in die Dachrinne pfropft.

Ruf: *Ein unaufhörliches »Gekrächze« … eigentlich eher ein Schreien, das nur zum Ziel hat, Sie in den Wahnsinn zu treiben.*

VOGELREGION: EUROPA

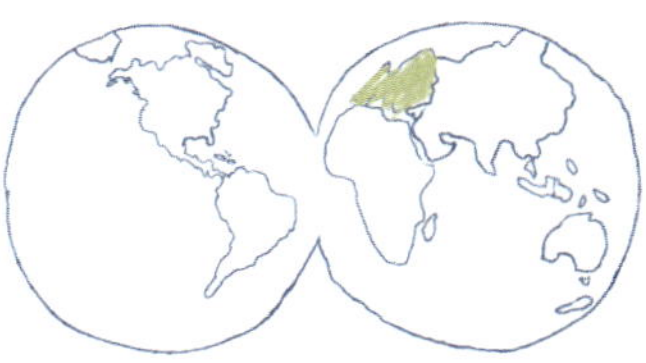

Leiderohne-
Knebelkrähe

Waschlappen-Honigfresser

Anthochaera carunculata

Trivialname: Rotlappen-Honigfresser

Diese Kerle sind echte Arschlöcher aber auch ziemliche Waschlappen. Sie zählen zu den großen und lauten Mitgliedern der Familie Meliphagidae (Honigfresser) und sind für ihr territoriales und aggressives Verhalten bekannt. Sie zeigen ihre Dominanz durch das sogenannte »Verdrängen«, bei dem sie den Platz eines kleineren Vogels einnehmen, sobald dieser seinen Sitzplatz verlässt. Sie fliegen kleinere Vögel gezielt an, belästigen sie und kämpfen sogar mit ihnen, aber wenn sie gegen Vögel anpöbeln wollen, die größer als sie selbst sind, dann schließen sie sich dafür zu größeren Schwärmen zusammen. Sie führen sich also auf wie eine Bande jugendlicher Straftäter: Sie machen einen auf dicke Hose, aber tief im Inneren sind sie Feiglinge.

Identifizierung: *Honigfresser sind leicht an ihren fleischigen Kehllappen zu erkennen, die ihnen wie ein winziges Gehänge im Gesicht baumeln. Ein passendes Merkmal für diese Pimmelköpfe.*

VOGELREGION: OZEANIEN

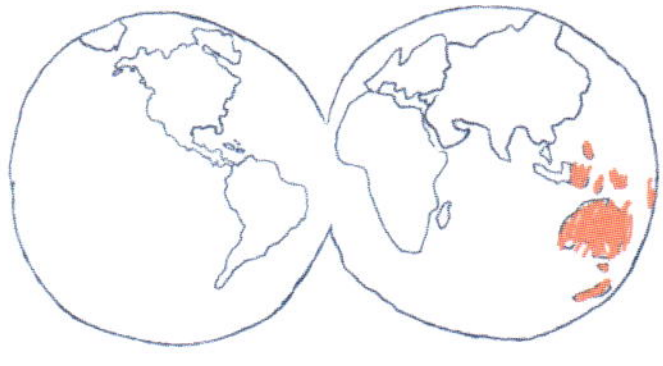

Waschlappen-
Honigfresser

Tannenbläher

Nucifraga caryocatactes
Trivialname: Tannenhäher

Der Tannenhäher ist etwas größer als ein Eichelhäher und kann Nüsse knacken, was er liebend gerne tut. Da er zur Gattung der Nussknacker zählt, sollte das allerdings keine große Überraschung sein. Das mit weißen Flecken dichtgemusterte schokoladenbraune Gefieder und die glänzenden, fast blauschwarzen Flügel sind ziemlich auffällig, und man könnte diesen Vogel sogar als hübsch bezeichnen. Aber wie die meisten Rabenvögel ist auch er blasiert und selbstgefällig, was ihn zu einem echten Unsympathen macht. In den Herbstmonaten vergräbt er ausreichend Nüsse und Samen in Verstecken, um damit über den Winter zu kommen. Ich weiß, dass Ihnen das piepegal sein dürfte, aber geben Sie acht: Dieser Vogel wird zu einem richtigen Arschloch, wenn er denkt, dass man es auf seinen dummen Nussvorrat abgesehen haben könnte.

VOGELREGION: GANZ EUROPA UND ASIEN, WIE EIN ÜBLER AUSSCHLAG

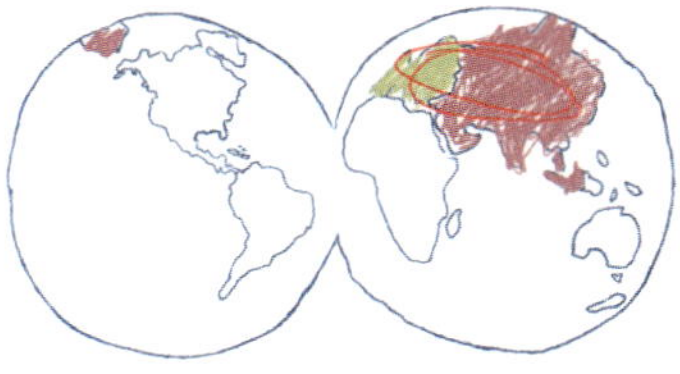

Tannenbläher

Beulenqualm

Podargus strigoides
Trivialname: Eulenschwalm, Froschmaul

Er sieht zwar aus wie eine Eule, aber glauben Sie mir, dieser große, rauchbraune Kackhaufen ist kein echter Raubvogel. Zwar ist er ein Fleischfresser, aber eigentlich mit den Nachtschwalben verwandt. Seinem dümmlich-breiten Schnabel verdankt er den Beinamen Froschmaul. Seine Krallen und Beine sind verdammt schwach, sodass er seine »Beute« – meist handelt es sich dabei um Insekten und Schnecken, gelegentlich erwischt er auch mal einen Frosch oder eine lahme Maus – nur mit dem Schnabel fängt. Man findet diesen Vogel in fast ganz Australien in unterschiedlichen Habitaten, zum Beispiel auch an Stadträndern, wo sie die Nachtruhe gerne mit ihrem tiefen, unablässigen Grunzen stören.

Fun Fact: *Eulenschwalme sind nächtliche Jäger, aber manchmal sitzen sie tagsüber einfach mit offenem Schnabel da und hoffen, dass ihnen ein Käfer in den Rachen fliegt – weil sie wirklich derart stinkfaul sind.*

VOGELREGION: OZEANIEN

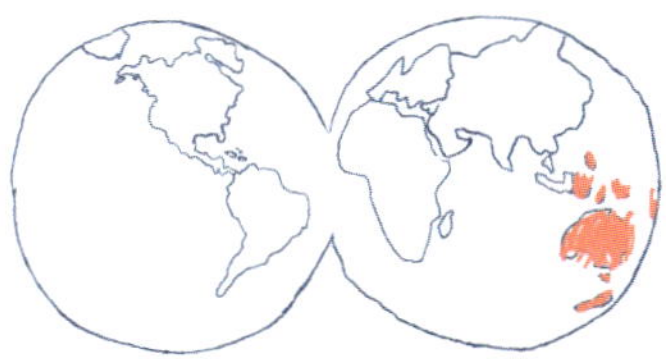

borkenfarben
Beulenqualm

wartet darauf, dass ein Insekt reinfliegt

Blutschnabel-Schadenhacker

Buphagus africanus
Trivialname: Gelbschnabel-Madenhacker

Dieser Vogel, beheimatet in den subsaharischen Savannen Afrikas, nutzt seine scharfen Krallen, um sich auf dem Rücken großer Säugetiere wie Gnus und Rindern festzuklammern, denen er die Zecken aus dem Fell hackt. Supereklig, ich weiß, aber es kommt noch schlimmer: Nachdem er die blutgefüllten Zecken gefressen hat, pickt dieser fiese *Nosferatu*-Dreckskerl weiter in den Wunden herum und *trinkt das Blut des Wirtstieres*. Nichtbrütende Madenhacker schlafen nachts auf ihren Wirten; wenn sie nisten, kleiden sie ihre Horrorhöhlen mit Tierhaaren aus, die sie den armen Geschöpfen eigens dafür ausreißen. Und als wäre all das nicht schon schauerlich genug, zischen diese elenden Viecher auch noch, wenn sie Gefahr wittern. Gibt es irgendetwas an diesem Vogel, das einem nicht das Fürchten lehrt?

Identifizierung: *Gelber Schnabel mit roter Spitze, entsetzliche Blutgier*

VOGELREGION: AFRIKA

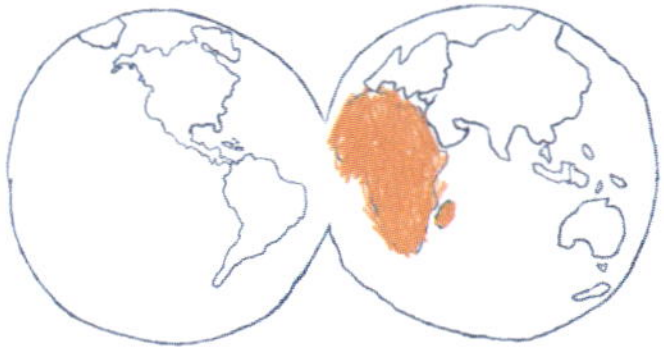

fürchterlich
Blutschnabel-
Schadenhacker

Fliegenschnäpper, Freaks und Kolibris

Von der Persönlichkeit bis hin zum persönlichen Auftreten haben diese Trottel der Vogelwelt oftmals Probleme, was das angemessene Sozialverhalten anbelangt. Man könnte fast Mitleid mit ihnen haben, wenn sie nicht so seltsam wären.

Zwerg-Nase-Fischer

Ispidina picta
Trivialname: Zwergkönigsfischer

Haha, schauen Sie sich diesen schrägen Vogel an. Von allen Vertretern der Eisvögel sieht dieser kleine bunte Scheißer wohl mit Abstand am dämlichsten aus. Er besteht fast nur aus Schnabel und ist ansonsten – vergleicht man ihn mit »echten« Vögeln – bestenfalls eine halbe Portion. Ich meine, ernsthaft, der Schwanz ist quasi nicht vorhanden. Und diese winzigen Füßchen, noch dazu. Wie schafft es dieses Tier, zu schlafen, ohne dass es sich wegen des Gewichts seines lächerlichen, orangefarbenen Zinkens auf den Schnabel packt? Ein total verkorkster Vogel.

VOGELREGION: AFRIKA

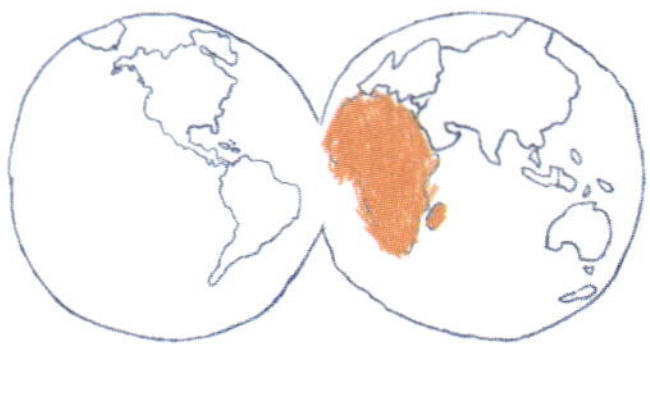

Zwerg-Nase-
Fischer

Schön-Nix-Drongo

Dicrurus macrocercus
Trivialname: Königsdrongo

Dicrurus macrocercus, der Königsdrongo, ist ein kleiner asiatischer Sperlingsvogel mit dummen Schwanzfedern. Er frisst Insekten und ist dafür bekannt, sein Revier aggressiv zu verteidigen; ja sogar größere Vögel, die er für bedrohlich hält, greift er im Sturzflug an. Diese Art von schlechtem Benehmen hat ihm den Spitznamen »Königskrähe« eingebracht, was für echte Krähen überall auf der Welt eine bittere Schmach sein muss.

VOGELREGION: ASIEN

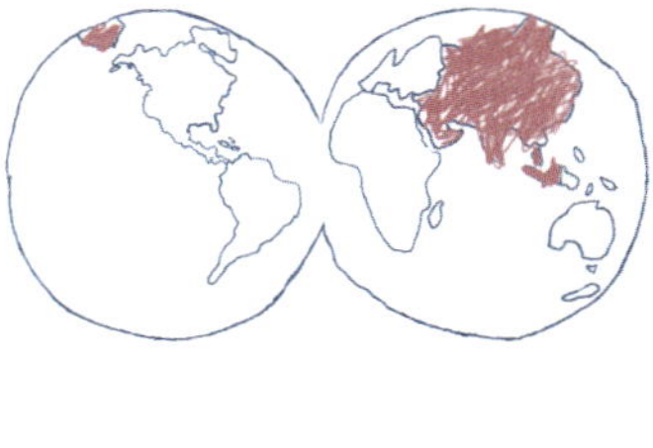

Schön-Nix-
Drongo

Kackhonigvogel

Promerops cafer

Trivialname: Kaphonigvogel, früher auch: Kaphonigfresser

Grundgütiger, was für ein blöder Vogel. Sein Schwanz ist buchstäblich doppelt so lang wie sein Körper. Die Männchen fliegen herum und versuchen, mit diesem lächerlichen Ding die Weibchen anzulocken. Na, viel Glück dabei – denn was soll das schon für eine Partnerin sein, deren einziges Kriterium die Schwanzlänge ist? Honigvögel haben lange, nach unten gebogene Schnäbel, mit denen sie Nektar aus den Blumen saugen oder sowas. Dem Vernehmen nach spielen sie wohl eine Rolle bei der Bestäubung der Zuckerbüsche in der südafrikanischen Kapregion – und zwar, weil sie sich das Gesicht mit Pollen verschmieren, wann immer sie es in einen Blütenkelch tunken. Was für ein Haufen von Chaoten. Dieser Vogel sollte sich seinen dämlichen Schnabel putzen.

VOGELREGION: AFRIKA

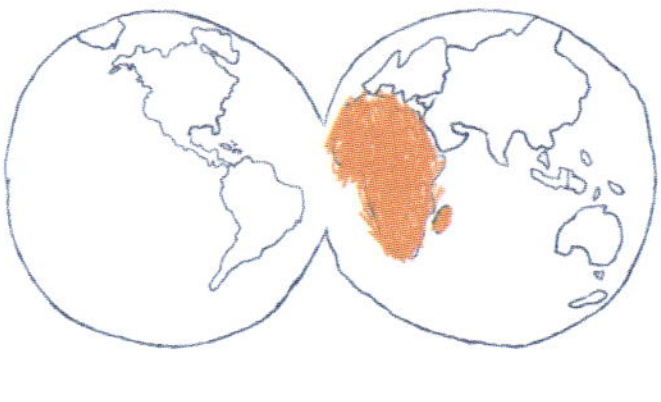

Kackhonigvogel

Kapuzinertodbringer

Perissocephalus tricolor
Trivialname: Kapuzinerkotinga, Kapuzinervogel, Capuchonvogel

Dieser bizarr aussehende Scheißer lebt in den Regenwäldern im Nordosten Südamerikas und wird bisweilen auch »Kälbervogel« genannt, weil sein Ruf dem Muhen einer Kuh gleicht. Dabei klingt das akustische Grauen dieses gruseligen Vogels viel eher nach einer wütenden Dämonenseele, die im Körper des verschwundenen Kartographen Ihrer Dschungelexpedition gefangen ist und aus der Ferne ihr hasserfülltes Stöhnen ertönen lässt. Eine freundliche Warnung an den Rest der Gruppe, dass dieses Untier sich einen nach dem anderen holen wird … bei Einbruch der Dunkelheit.

Identifizierung: *Halten Sie Ausschau nach zimtfarbenem Gefieder, schwarzen Flügeln und, ach ja, einem gottverdammten Totenschädel.*

VOGELREGION: SÜDAMERIKA

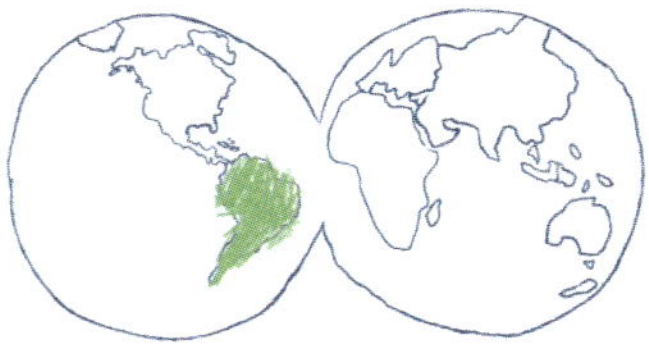

Kapuzinertodbringer
sieht echt
gruselig aus

Dooftrappe

Otis tarda
Trivialname: Großtrappe

Dieses riesige Miststück zeichnet sich dadurch aus, dass es das schwerste flugfähige Tier der Welt ist. Die Männchen sind bis zu einem Meter groß und wiegen bis zu achtzehn Kilo. Obwohl die Großtrappe fliegen *kann*, ist sie ein Bodenbewohner; meist läuft sie herum und gibt furzartige Grunzlaute von sich. Tatsächlich scheint sie nur ungern zu fliegen. Und machen wir uns nichts vor: Diese gefiederten Fettsäcke haben in der Luft eher nichts zu suchen. Sie wären eine ernsthafte Gefährdung für all diejenigen, die sich am Boden befinden. Nicht auszumalen, was passieren würde, wenn die Flügel schlappmachten, während so ein Vogel versucht, seine üppig-braune Masse in der Luft zu halten.

Wissenswertes: *Früher war die Großtrappe auch in Großbritannien beheimatet, aber 1832 hatten die Briten die letzten Exemplare abgeschossen. Vor kurzem wurden sie dort auf Truppenübungsplätzen wieder angesiedelt – vermutlich für Schießübungen.*

VOGELREGION: ASIEN, MITTELEUROPA

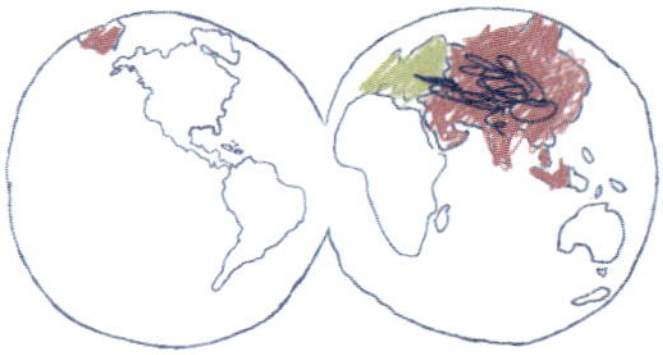

Dooftrappe

Fiesvisage-Schläfer

Nyctibius grandis
Trivialname: Riesentagschläfer

Als Jäger von großen Insekten und kleinen Wirbeltieren ist der Riesentagschläfer der größte Vertreter der Ordnung *Caprimulgiformes* (Schwalmartige). Sollten Sie jemals ein Exemplar gesehen haben, werden Sie das wenig überraschend finden. Wie alle Mitglieder dieser Freak-Vögel-Ordnung ist er mit seinen wulstigen Augen und seinem seltsam klaffenden Schnabel beunruhigend anzusehen. Wie andere *Caprimulgiformes* ist auch der Riesentagschläfer nachtaktiv, was bedeutet, dass dieser faule Sack den ganzen Tag schläft und erst nach Sonnenuntergang aus dem Quark kommt. Pech für all diejenigen, die in Südamerika schlafen wollen, denn dieser große, hässliche Vogel sitzt in den Bäumen und gibt die ganze Nacht lang laute Stöhngeräusche von sich.

VOGELREGION: SÜDAMERIKA

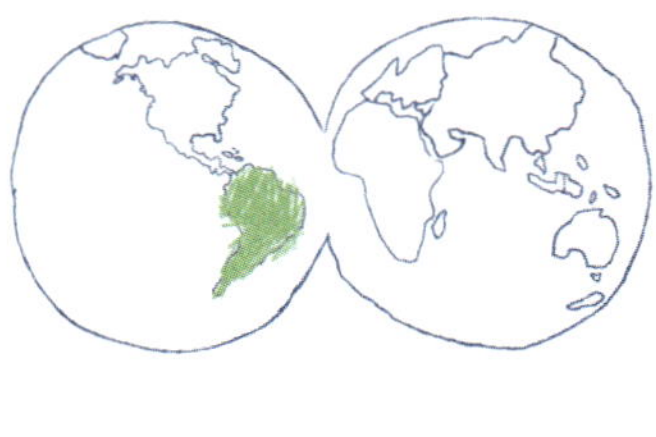

Fiesvisage-
Schläfer

Schwachmaten-Hans

Dacelo novaeguineae
Trivialname: Jägerliest, Lachender Hans

Mit fünfundvierzig Zentimetern und einem Gewicht von bis zu einem halben Kilo ist dieser stämmige Dämlack der größte unter den Eisvögeln. Man könnte meinen, dass deswegen ein Name wie »Riesiger Hans« angebracht gewesen wäre, aber seine Größe wird von einem bemerkenswerten Charakterzug völlig in den Schatten gestellt: von seinem lauten, lästigen, gackernden Ruf. Er ist in Australien heimisch, wurde aber auch in Neuseeland und Tasmanien eingeführt. Man trifft ihn in Eukalyptuswäldern und Stadtparks an, wo er alle mit seinem niemals endenden, dementen Lachen in den Wahnsinn treibt.

VOGELREGION: OZEANIEN

Schwachmaten-
Hans

Halt die Klappe,
so lustig war's nicht.

Darmwind-Nandu

Rhea pennata, syn. Rhea darwinii
Trivialname: Darwin-Nandu, Kleiner Nandu

Auf der zweiten Reise der HMS Beagle stieß Charles Darwin auf den straußenartig aussehenden Großen Nandu, der jedoch bereits in den 1750er-Jahren beschrieben worden war. Darwin jedoch war erpicht darauf, neue Arten zu entdecken, die er nach sich selbst benennen konnte. Im Juli 1833 hörte er Berichte von den *gauchos* vor Ort, die von einem sehr seltenen, kleineren Nandu in Nordpatagonien erzählten. Der junge Naturforscher begab sich wiederholt auf die Suche nach einem solchen Exemplar, blieb jedoch erfolglos. Erst im Januar 1834, als er einen vom expeditionseigenen Kunstzeichner geschossenen kleinwüchsigen Nandu verspeiste, »entdeckte« Darwin die scheue kleinere Art. Da war der Vogel allerdings schon fast zur Gänze verspeist. Ganz toll gemacht, Charles …

Wie dem auch sei: Der Darwin-Nandu ist etwa einen Meter bis zu 1,20 Meter groß. Wie auch der Strauß ist er flugunfähig, aber er hat lange Beine und einen kleinen Kopf, sieht also dümmlich aus. Tatsächlich ähnelt er dem Strauß so sehr, dass es sich wahrscheinlich kaum gelohnt hat, ihn zu entdecken. Im Grunde ist er als Vogel nicht zu gebrauchen.

VOGELREGION: SÜDAMERIKA

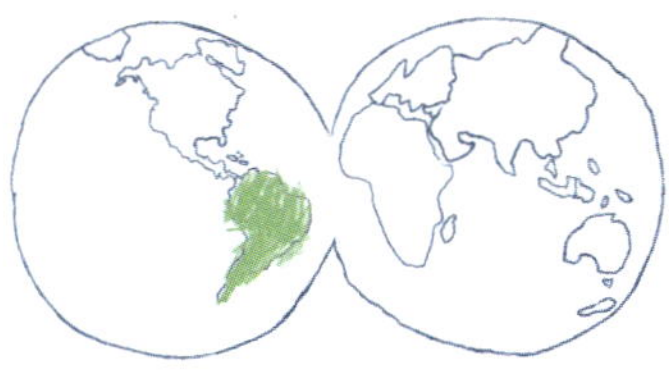

Darmwind-Nandu

Virginiawichtel

Colinus virginianus

Trivialname: Virginiawachtel, Virginia-Baumwachtel

Dieser selbst für eine Wachtel kleine und pummelige Bodenbewohner ist in Kanada, den östlichen Vereinigten Staaten und Mexiko beheimatet. Sein lauter Doppelpfiff, erst tief, dann hoch, kann quer über die halboffenen Wiesen und buschigen Weiden schallen, auf denen er sein Futter sucht. Das erklärt womöglich auch, warum sie so ausgiebig bejagt werden: Hat man diesen Vögeln erstmal ein paar Stunden lang zugehört, fällt es schwer, sie nicht erschießen zu wollen.

Beschreibung: *Klein, pummelig*

VOGELREGION: NORDAMERIKA

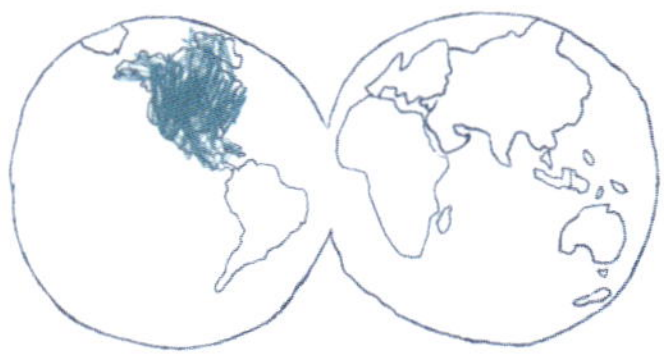

Virginiawichtel

Doofer Kolibri

Thaumastura cora
Trivialname: Corakolibri

Wow! Man sehe sich nur die Schwanzfedern dieses Vogels an. Ja, dieses winzige Mitglied der *Trochilidae*-Familie ist leicht an seinen extrem langen Schwanzfedern zu erkennen. Im Grunde genommen ist er aber auch nichts weiter als ein Kolibri, der die üblichen Kolibri-Sachen macht: Er schwirrt durch die Gegend und trinkt Blütennektar. Langweilig!

> ***Anmerkung:*** *Sein schneller, hochfrequenter Ruf klingt wie die Salven eines winzigen, aber sehr lästigen Maschinengewehrs.*

VOGELREGION: SÜDAMERIKA (VON DEN WESTLICHEN ANDEN ÜBER PERU BIS INS NÖRDLICHE CHILE)

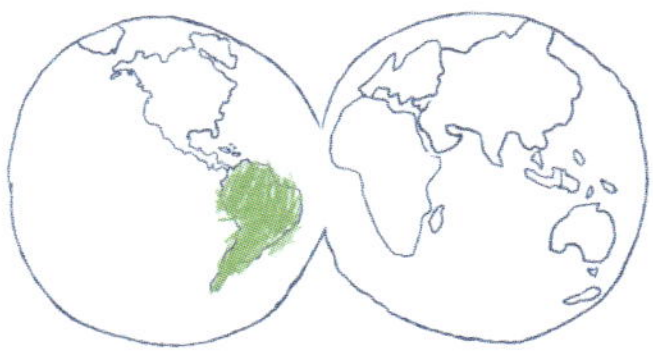

Doofer
Kolibri

Idiotischer Kreuzschnabel

Loxia scotia

Trivialname: Schottischer Kreuzschnabel

Die Britische Ornithologen-Vereinigung erklärte 1980, dieser Vogel sei im Vereinigten Königreich beheimatet, doch bis vor kurzem wurden darüber immer wieder Diskussionen geführt. Schließlich stellte sich heraus, dass es sich um eine eigene Art handelt, die ausschließlich im Kaledonischen Wald Schottlands vorkommt. Davor waren viele der Ansicht, es handele sich lediglich um einen roten Fichtenkreuzschnabel mit äußerst schwer verständlichem Akzent. Ist ja aber auch egal, wen kümmert 's. Wichtig ist nur, dass man sich dieses verunstaltete Gesicht anschaut, diesen bizarren Schnabel, mit dem er Tannenzapfen etwas aufspaltet oder sowas in der Art. Himmel. Kein Wunder, dass dieser Vogel in Sachen Fortpflanzung isoliert ist.

VOGELREGION: OFFENBAR WIRKLICH NUR IN SCHOTTLAND

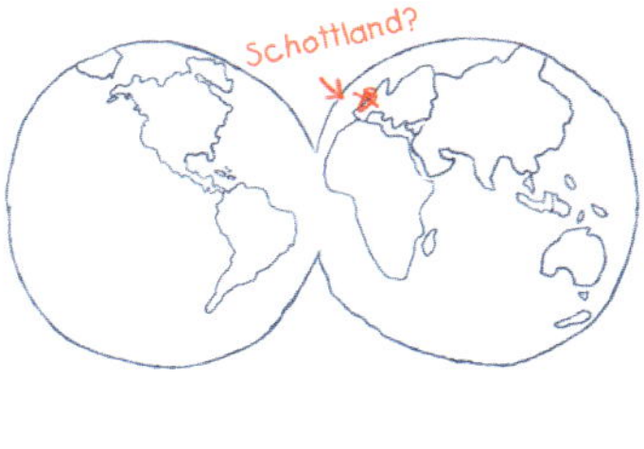

Idiotischer
Kreuzschnabel

Psychotischer Gelbschnabeltoko

Tockus leucomelas

Trivialname: Südlicher Gelbschnabeltoko, Rotringtoko

Was für ein hässlicher Vogel! Sieht aus, als hätte ihn ein übereifriges Kind aus einem Sack voller zufällig zusammengewürfelter Vogelteile zusammengeschraubt. Ernsthaft, jetzt! Keinerlei Sinn für Anmut oder Proportionen. Außerdem: »Südlicher Gelbschnabeltoko«? Klingt, als habe sich das Gör auch gleich den Namen ausdenken dürfen.

Diese kleinen Abscheulichkeiten jedenfalls fressen manchmal Schlangen, und sie töten diese, indem sie sie mit ihren großen, schrecklichen Schnäbeln packen, um sie dann genüsslich auf eine harte Oberfläche zu schlagen, bis sie tot sind. Wirklich ein Vogel, wie es ihn besser nicht geben sollte.

VOGELREGION: AFRIKA

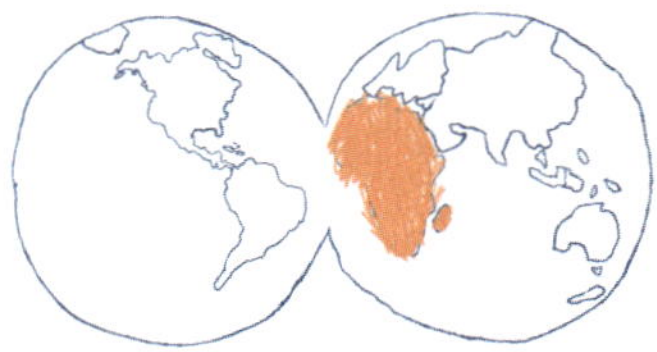

Psychotischer
Gelbschnabeltoko

Blödtrampel-Brillenvogel

Zosterops lateralis
Trivialname: Graumantel-Brillenvogel

Dieser auf den südwestpazifischen Inseln verbreitete, geschwätzige kleine Singvogel ist nur etwa elf Zentimeter groß, aber es ist erstaunlich, wie viel Dummheit in einen so winzigen Vogel passt. Er ist so klein, dass es ihm ein Leichtes ist, durch Vogelnetze zu schlüpfen, um sich an den Früchten der Bäume zu erfreuen. Trotzdem sucht er auch nach Insekten, und zwar am Boden, wo zufälligerweise auch die meisten Katzen leben. Als wäre das für einen kleinen Vogel nicht schon dumm genug, sind neben den Eltern oft auch noch ihre Küken auf dem Boden unterwegs. Kaum zu glauben, dass überhaupt einer dieser Blödtrampel überlebt.

Beschreibung: *Die auffälligen weißen Augenringe lassen ihn daueraufgeschreckt aussehen, so als habe er gerade eben eine heranschleichende Katze bemerkt – was bei diesem Miniatur-Schwachkopf durchaus möglich ist.*

VOGELREGION: OZEANIEN

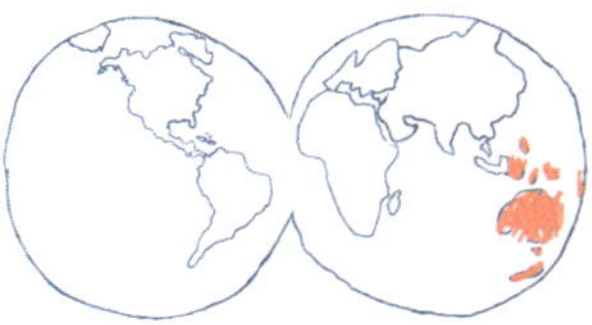

Blödtrampel-
Brillenvogel

Weißhauben-Plapperding

Garrulax leucolophus
Trivialname: Weißhaubenhäherling

Dieser gedrungene kleine Vertreter aus der Familie der Häherlinge ist in Wäldern und Vorgebirgen vom Himalaya bis Südostasien zu finden. Sein wissenschaftlicher Name leitet sich vom lateinischen Wort *garrire* ab, was so viel wie »plappern« heißt. Wer jemals einem Trupp von ihnen zuhören musste, wird das ziemlich zutreffend finden. Geschwätzig wie ein Haufen Idioten mit zu viel Koffein im Kopf.

Merkmale: *Braun mit markantem Kopf und Kamm in reinweißer Farbe und schwarzer Maske. Sehr sozial und sehr lautstark, was sie zu einer echten Plage macht.*

VOGELREGION: ASIEN

Weißhauben-
Plapperding

Egoisten und Angeber

Strahlend und farbenfroh mögen sie sein – oder auf andere Weise bemerkenswert –, doch diese eingebildeten Mistviecher sind weit mehr Schein als Sein. Wesen ohne Substanz, von sich selbst eingenommen und ganz offenbar verliebt in den Klang der eigenen Stimme.

Indigostink

Passerina cyanea
Trivialname: Indigofink

Das Indigofinkenmännchen singt sein Lied von der Morgendämmerung bis hinein in die Abenddämmerung – laut und voller Enthusiasmus, wie das nur jemand tun kann, dem gar nicht bewusst ist, dass es ihm an musikalischem Talent mangelt. Sein Ruf kommt in vielen unterschiedlichen Varianten daher, besteht aber häufig aus einzelnen, hochtönigen und wiederholt vorgetragenen Silben, die ungefähr so klingen: »FEUER! FEUER! WO? WO? HIER. HIER.« Da fragt man sich dann schon, ob das alles Brandstifter in spe sind. Behalten Sie diese Vögel also besser im Auge, wenn Sie diese Stinker in der Nähe Ihres Hauses sehen.

Farbe: *Dreimal dürfen Sie raten.*

VOGELREGION: NORDAMERIKA

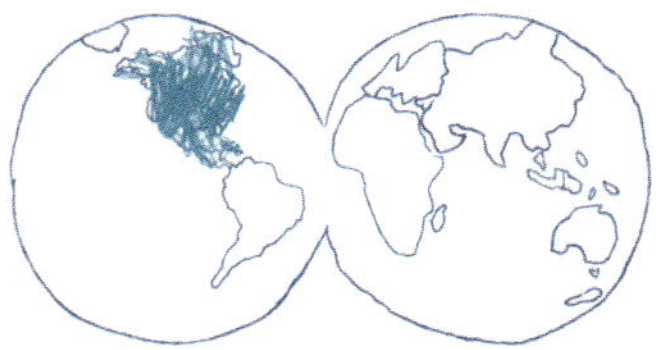

Indigostink

Schöneitelkacker

Coracias caudatus

Trivialname: Gabelracke bzw. Gabelrake,
auch Grünscheitelracke oder Gabelschwanzracke

Dieser Vogel ist ein elender Angeber – ganz im Ernst! Unübersehbar setzt er sich auf die Wipfel kleiner Bäume, in der festen Überzeugung, dass jeder nur darauf aus ist, sein dämliches, farbenfrohes Gefieder und die alberne Schwanzbinde zu bestaunen. Und dann kommt er einem auch noch mit diesen überflüssigen, akrobatischen Darbietungen – rasante Sturzflüge und Überschläge hoch am Himmel. Führt sich auf wie ein Pilot in einer Flugshow, so als würde er erwarten, dass wir ihm alle zujubeln und applaudieren. Als ob sich irgendwer für dieses Gewese interessiert.

Identifizierung: *Protzig. Großer Kopf für einen kleinen Vogel.*

VOGELREGION: AFRIKA

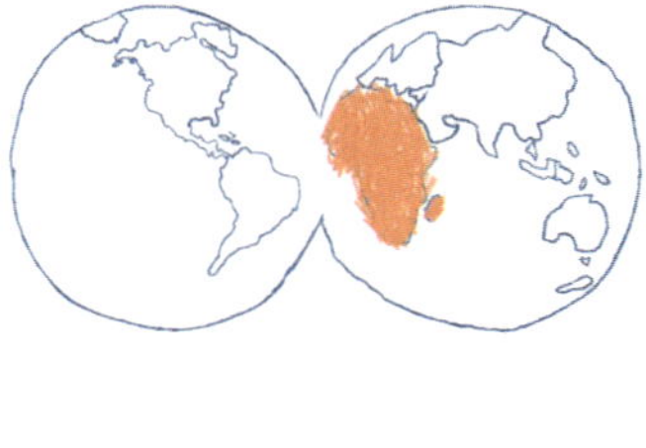

riesiges Ego
Schöneitelkacker

Sind-egal-Vogelbrand

Lagonosticta senegala

Trivialname: Senegalamarant, auch Kleiner Amarant, Roter Amarant, Roter Astrild oder Zwergblutfink

Das Gefieder dieser geselligen kleinen Finken ist feuerleuchtend rot. Auf den ersten Blick sehen sie aufregend aus, doch lassen Sie sich davon nicht täuschen – im Grunde genommen verhalten sie sich wie ganz gewöhnliche Vögel. In Afrika sind sie südlich der Sahara weit verbreitet; häufig sind sie in menschlichen Siedlungsgebieten anzutreffen, weil sie dort gute Aussichten auf eine schnelle Mahlzeit haben. Wie auch andere Finken überall auf der Welt rotten sie sich gerne in kleinen Schwärmen zusammen, um eine Menge Lärm zu machen und eine Sauerei zu veranstalten, wenn sie in fremden Gärten nach Samen suchen.

Farbe: *Die Männchen sind meist rot, die Weibchen meist braun. Beide haben einen gelben Ring um die Augen, wodurch sie selbst für Vögel ziemlich geistlos wirken.*

VOGELREGION: AFRIKA

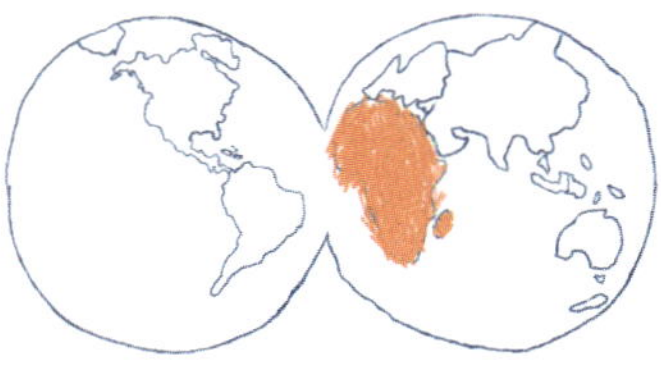

Sind-egal-
Vogelbrand

Schäbiger Tutu-kan

Ramphastos toco
Trivialname: Riesentukan

Der Riesentukan hat einen großen, fetten Schnabel, der mehr als ein Drittel seiner Körperlänge und gut die Hälfte seiner Körperoberfläche ausmacht. Ja, tatsächlich hat dieser Trottel sogar von allen Vögeln dieser Erde den größten Schnabel im Verhältnis zum Rest des Körpers. So interessant ist das eigentlich nicht, aber es sorgt für ein groteskes Aussehen. Weil Riesentukane lausige Flieger sind, hüpfen sie meist nur ungeschickt zwischen Ästen umher, von denen sie die Früchte hacken. Sie lieben Früchte. Auch bei ihren Balzritualen kommen die lächerlichen Schnäbel zum Einsatz, indem sie ihrem potenziellen Partner eine Mitgift aus Obst zuschieben, die dieser dann einfach zurückschiebt. Das Ganze wiederholen sie immer und immer wieder, bis einer von ihnen aufgibt und ein paar Eier legt.

VOGELREGION: SÜDAMERIKA

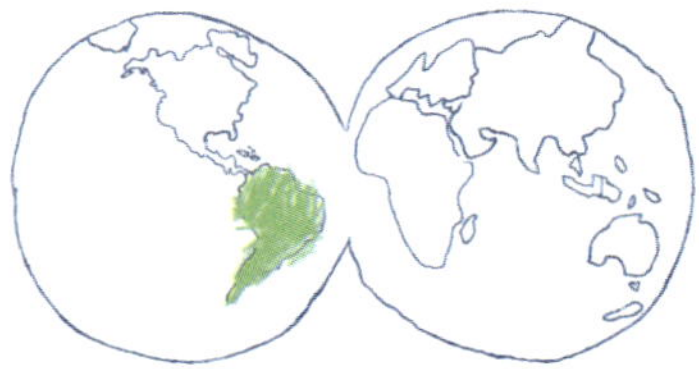

Schäbiger Tutu-kan

Gelbschlundfalschsänger

Icteria virens

Trivialname: Gelbbrustwaldsänger, auch Bauchredner-Waldsänger oder Flötenstärling

Dieser unausstehliche Scheißer kann niemals ernst sein. Er mag hübsch anzuschauen sein, doch ist er ein verdammter Clown. Er ist einer von diesen Vögeln, die immerzu glucksen. Oder gurgeln. Oder quietschen und kreischen und eine Reihe anderer Laute von sich geben. Richtig geil findet er es, sich in Hecken zu verstecken und Krähenschreie oder auch mal eine Hupe nachzuahmen. Sobald er seinen verdammten Schnabel aufmacht, ist es eigentlich so gut wie unmöglich, diesen Vogel nicht zu hassen.

> **Farbe:** *Knallgelb und noch irgendwelche Farben. Ich hasse diesen Kerl.*

VOGELREGION: NORDAMERIKA

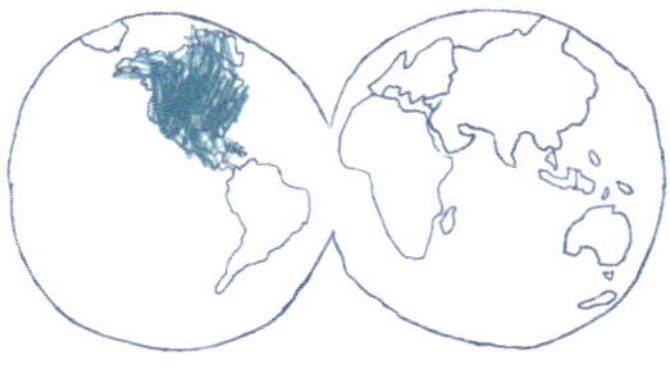

bla bla bla
Gelbschlund-
falschsänger

Elende kleine Arschlöcher

~~*Arschlöcher*~~

Schundspecht

Dendrocopos major
Trivialname: Buntspecht

Dieser Vertreter aus der Familie der *Picidae* ist von mittlerer Größe und sieht dem Blutspecht sehr ähnlich. Anzutreffen ist er in ganz Bla Bla Blaah … Im Grunde ist dieser Mistkerl ein weiterer Specht, dessen schwarz-weißes Gefieder mit etwas rotem Schund gesprenkelt ist. Und um Himmels willen: Gibt es auf Seite 126 dieses Buches wirklich noch irgendjemanden, der das *nicht* todlangweilig findet? Oh, warten Sie, dieser Vogel macht ein lautes Trommelgeräusch, wenn er … Hoppla, nein, tut mir leid, auch das ist genau das gleiche Theater wie bei jedem anderen Specht auf dieser Welt. Verdammt noch eins. Nächster Vogel.

VOGELREGION: EUROPA

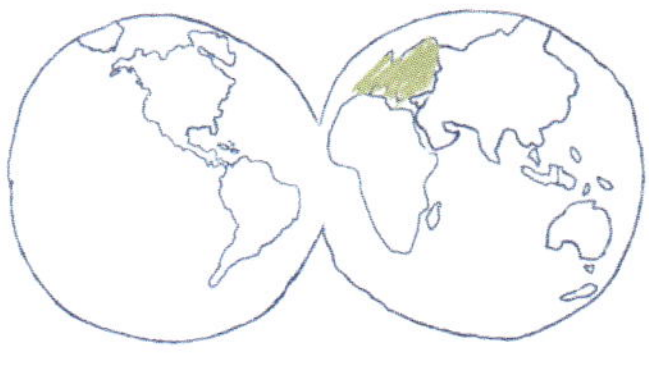

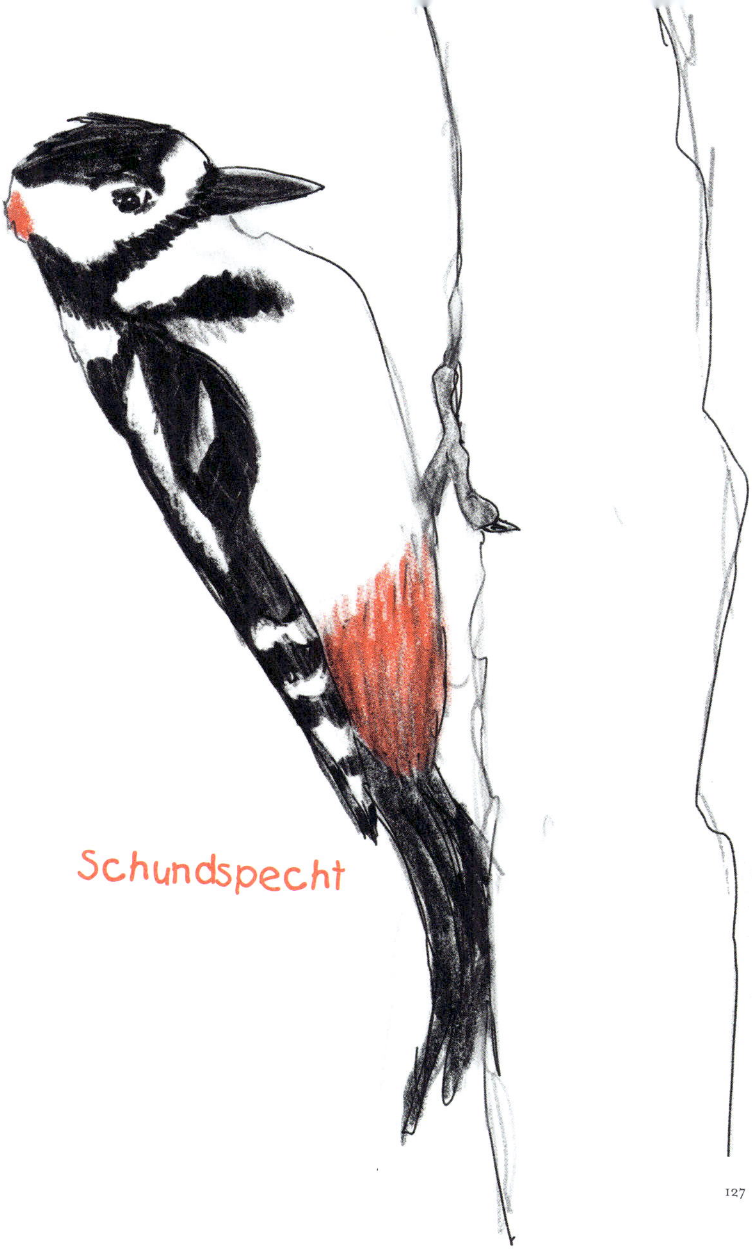
Schundspecht

Grünschlecht

Picus viridis

Trivialname: Grünspecht, auch Grasspecht oder Erdspecht

Dieser Arsch ist ausnahmsweise mal grün, zum Glück, denn ich bin es leid, »schwarz-weiß« zu schreiben. Kopf und Bart sind allerdings leuchtendrot. Sein Schwanz ist kurz. Der Grünspecht ist größer als die meisten anderen europäischen Spechte, weshalb er seine Nisthöhlen extra groß machen muss, um seinen großen, dummen Körper darin unterbringen zu können. Sein Ruf klingt wie ein lautes, scharfes Lachen, aber niemand sonst lacht mit ihm. Normale Spechte schämen sich wahrscheinlich für diesen Vogel.

> ***Identifizierung:*** *Grün. Fett (für einen Specht). Sein dämliches Lachen ist meilenweit zu hören.*

VOGELREGION: EUROPA

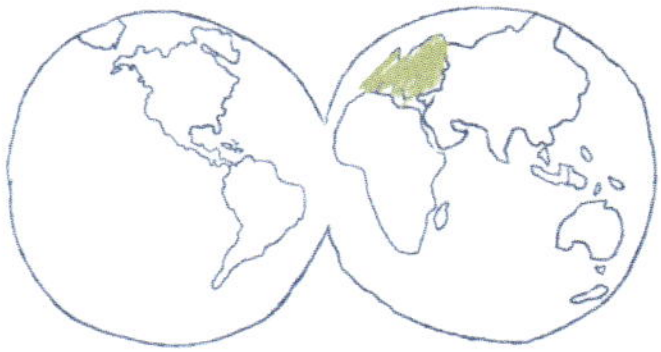

Grünschlecht

Solalalaspecht

Dendrocopos himalayensis
Trivialname: Himalayaspecht

Dieser im Himalaya und in den nördlichen Regionen des indischen Subkontinents recht häufig vorkommende Buntspecht ist mit fast jedem anderen Specht der Welt austauschbar. Mittelgroß. Schwarz und weiß. Das Männchen hat einen roten Scheitel. Er stochert in Baumstämmen nach Insekten. Wir haben's doch längst verstanden.

Fun Fact: *Die Weltnaturschutzunion IUCN hat den Artenstatus des Dendrocopos himalayensis als »nicht besorgniserregend« eingestuft, denn wen zur Hölle sollte das kümmern.*

VOGELREGION: ASIEN

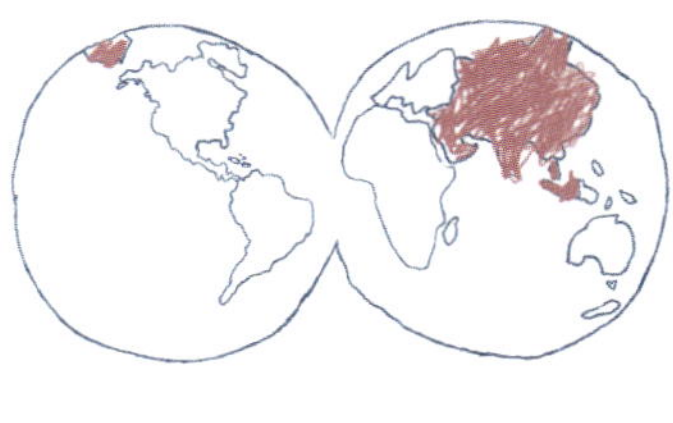

Solalalaspecht

Wendehals

Jynx torquilla
Trivialname: Wendehals

Der Name dieses Vogels hat sich im deutschen Sprachgebrauch als abwertende Bezeichnung eigenen Ranges etabliert, da scheint es unnötig, ihn mit einem neuen Spottnamen zu belegen. Und tatsächlich macht dieser seltsame Mistkerl seinem Namen alle Ehre. Im Gegensatz zu anderen Spechten hämmert er nicht auf Baumstämmen herum, aber da fängt es erst an: Normalerweise streckt er seinen Kopf nach oben, den Schnabel leicht gen Himmel gerichtet – wie so ein richtig feiner Pinkel eben. Wenn er jedoch bedroht wird, windet dieser Freak seinen Hals hin und her, als wäre der eine gottverdammte Schlange im Vollsuff. Mal ernsthaft jetzt, was soll der Scheiß? Vielleicht soll das der Abschreckung von Raubtieren dienen. So effektiv kann diese Methode aber nicht sein, denn meistens sieht der Wendehals dabei einfach nur wie ein Vogel mit üblen Halskrämpfen aus. Manchmal lässt er aber auch den ganzen Hals erschlaffen, sodass der Kopf hinunterbaumelt, als wäre der Vogel tot. Sehr charmant.

VOGELREGION: EUROPA, VERMUTLICH, UND ASIEN WOHL AUCH

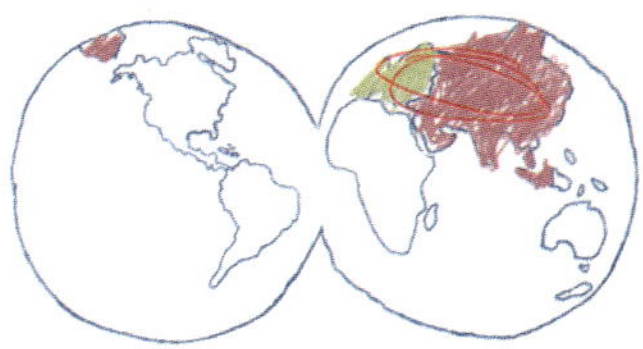

Wendehals

»schlangenartige« Kopfbewegungen;

sieht einfach nur doof aus.

Treibgut, Sandsäcke und Stelzendeppen

Es gibt viele Arten von Wasser-, Küsten- und Seevögeln, aber die hier vorgestellten Idioten hängen gerne am Wasser herum, machen viel Lärm und sehen bekloppt aus – genauso wie Teenager in den Sommerferien.

Brüllenpinguin

Spheniscus demersus
Trivialname: Brillenpinguin

Grundgütiger, man sehe sich nur diesen watschelnden Trottel an. Pinguine werden häufig als Vögel beschrieben, die aussehen, als würden sie einen Smoking tragen – haha, wie niedlich –, dabei wird dieser Vergleich ihrem dümmlichen Aussehen nicht gerecht. Anstatt in formeller Aufmachung einen flotten Auftritt hinzulegen, sehen diese Scheißer eher so aus als trügen sie ein geborgtes Jackett und hätten die Hosen vergessen. Und wenn es auch nur den leisesten Zweifel daran gibt, dass sie dadurch noch nicht lachhaft genug wirken, so merzen die rosafarbenen Augenbrauen diesen mit Sicherheit aus. Die meisten Pinguinarten stören vielleicht mal die eine oder andere Polarexpedition, mehr nicht. Aber dieser Mistkerl treibt sich in den Küstengebieten Südafrikas herum und gibt Töne von sich, die nach lautem Eselsgebrüll klingen. Heiliger Strohsack.

VOGELREGION: AFRIKA

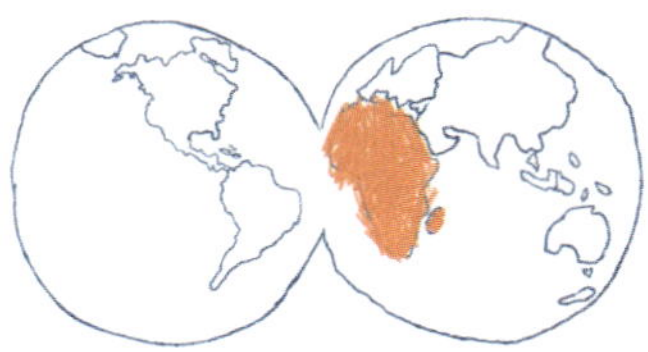

Brüllenpinguin

Idiotischer Fängtfischfalschvogel

Anhinga novaehollandiae

Trivialname: Australischer Schlangenhalsvogel

Das Gefieder dieses Dummkopfs saugt sich mit Wasser voll, sodass der größte Teil seines Körpers unter der Wasseroberfläche herumschwimmt. Nur sein langer, alberner Hals ragt aus dem Wasser empor. Er nutzt seinen langen, scharfen Schnabel, um Fische aufzuspießen. Meine Fresse! Sich buchstäblich in einen Speer verwandeln zu können – da scheint aber jemand ein richtig harter Kerl zu sein, oder? Das mag schon sein, aber in der Praxis ist es eine selten dumme Technik: Wenn man sein komplettes Gesicht in den Fisch gerammt hat, wie zum Teufel will man ihn dann noch verspeisen? Kleiner Spoiler: Einfach ist das nicht. Man muss den Fisch abschütteln, ohne ihn zu verlieren, damit man anschließend den Schnabel öffnen und den Fisch fressen kann. Glauben Sie mir: Von dem Coolness-Faktor, den es mit sich bringt, eine lebende Waffe zu sein, ist am Ende dieses Prozesses im Grunde nichts mehr übrig.

VOGELREGION: OZEANIEN

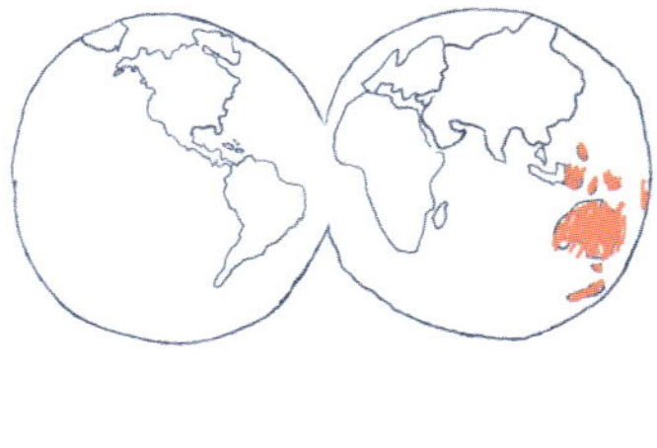

Idiotischer
Fängtfischfalschvogel

Müllschluckenibis

Threskiornis molucca
Trivialname: Molukkenibis

Die Wissenschaft ist sich uneins, ob die Australier diesen an urbane Lebensräume angepassten Ibis lieben – oder ob sie angewidert von ihm sind. Einerseits wurde er bei der Wahl zum australischen Vogel des Jahres (2017) auf Platz 2 gewählt und musste sich nur knapp dem Flötenkrähenstar geschlagen geben. Andererseits nennen die Australier diese schlaksigen Vögel *bin chicken* (»Mülleimerhuhn«) oder *trash turkey* (»Abfalltruthahn«), weil man sie oft dabei beobachten kann, wie sie endlose Mengen ekelhaften Unrats aus Containern und öffentlichen Mülleimern fressen, um ihn anschließend über die gesamte Stadt verteilt wieder auszuscheißen.

VOGELREGION: AUSTRALIEN, ÜBERALL DORT, WO ES MÜLL ZU FRESSEN GIBT

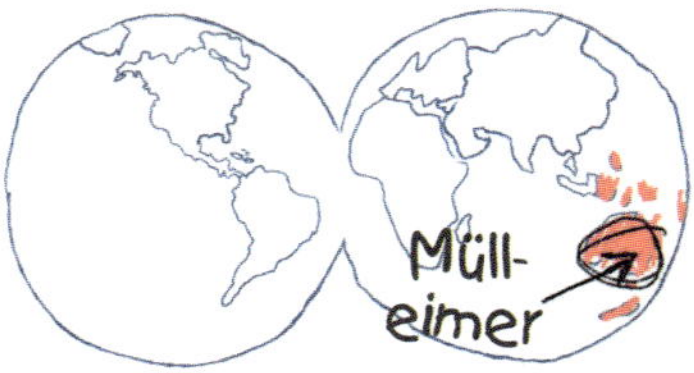

Müllschluckenibis

Nachtrülpser

Nycticorax nycticorax
Trivialname: Nachtreiher

Dieser kurzhalsige Trottel ist ein in den Feuchtgebieten Nordamerikas beheimateter Vertreter aus der Familie der Nachtreiher. Im Vergleich zu den meisten echten Reihern ist er von eher gedrungener Statur. Für einen Watvogel hat er peinlich kurze Beine, die ihn zwingen, sich darauf zu beschränken, am Wasser zu stehen, um dort auf kleine Fische, Frösche und Wasserinsekten zu warten, die er dann erbeutet. Wahrscheinlich ist der Nachtreiher deshalb nachtaktiv: Er bevorzugt es, in der Dunkelheit auf Nahrungssuche zu gehen, weil es wahrscheinlicher ist, dass er dann nicht von anderen Vögeln gesehen wird, die ihn wegen seiner Unförmigkeit auslachen könnten.

Identifizierung: *Sieht klein und lustig aus. Sein Atem stinkt vermutlich übel nach Fisch.*

VOGELREGION: NORDAMERIKA

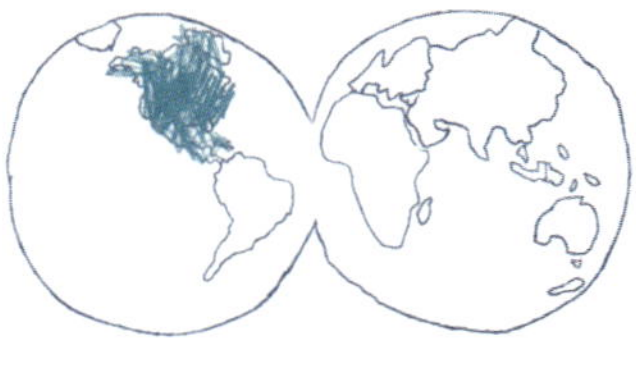

Nachtrülpser

Tranigtrübkranich

Grus paradisea
Trivialname: Paradieskranich

Dieser blässlich blaugrau gefiederte Kranich wird von der Weltnaturschutzunion IUCN als »gefährdet« eingestuft. Überraschend ist das nicht wirklich. Alles, was einen so knubbelig-dicken Kopf auf einem dermaßen dürren Hals hat, läuft schließlich Gefahr, sich mit nur einer falschen Bewegung das Genick zu brechen.

Offenbar hat diesen Vogel auch niemand darüber in Kenntnis gesetzt, dass sein Körper zum Waten wie geschaffen ist. Stattdessen verbringt er nämlich die meiste Zeit damit, auf seinen spindeldürren Beinen durch trockene, grasbewachsene Gebiete zu stelzen und Seggen zu fressen. Seine Körperhaltung und die schlaffen Schwanzfedern deuten auf einen schwachen Charakter und ein geringes Selbstwertgefühl hin.

VOGELREGION: AFRIKA

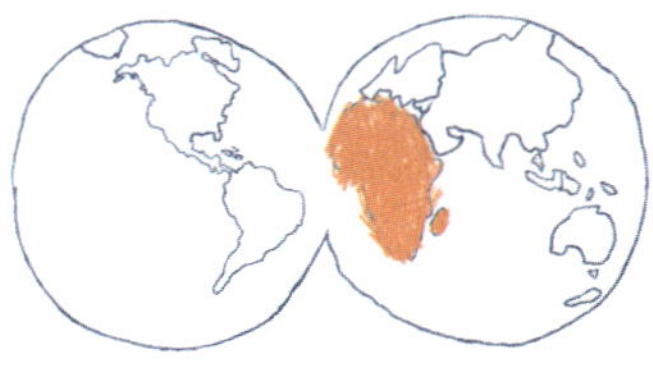

Tranigtrübkranich

Pappente

Anas capensis
Trivialname: Kapente

Diese mittelgroße Gründlerin ist blöde und hat die triste Farbe von Altkarton. Es sieht so aus, als habe sie den halbherzigen Versuch unternommen, sich mit einem blassrosa Schnabel und einem leuchtend grünen Flügelspiegel etwas aufzuhübschen. Aber selbst für eine Ente ist das eine abstoßende Farbkombination. Es lässt einen wirklich am ästhetischen Anspruch dieses Wasservogels zweifeln. Kapenten sind in der Regel nicht sehr stimmgewaltig, und das ist auch gut so. Denn während die Weibchen ein trauriges, schwaches Quaken von sich geben, stoßen die Männchen einfach nur einen schrillen, hohen Pfeifton aus.

Fun Fact: *Diese Ente ist deprimierend.*

VOGELREGION: AFRIKA

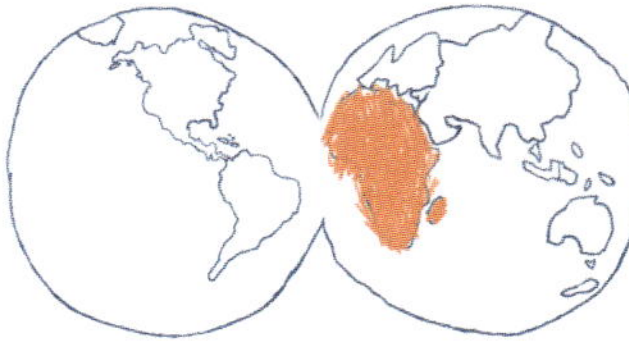

Pappente

Vollpfostgans

Tadorna ferruginea
Trivialname: Rostgans

Diese Gans aus Familie der *Anatidae* hat ein großes Verbreitungsgebiet, das sich über China, Zentralasien und Südosteuropa erstreckt; den Winter verbringt sie außerdem in Indien. Man erkennt sie an ihrem auffälligen, rostfarbenen Gefieder und den tiefschwarzen Schwanzfedern. Letztlich ist sie aber auch nur eine von vielen unangenehmen Entenarten. Üblicherweise bewegen diese Tiere sich paarweise oder in kleinen Gruppen, nur selten hingegen in großen Schwärmen. Das liegt wahrscheinlich daran, dass sie ihr lautes, rauchiges Gaken und ihr beharrliches Girren in einem seltsamen Entenfalsett vortragen, das sie selbst kaum ertragen können.

Identifizierung: *Tieforange-braunes Gefieder, emotional bedürftig.*

VOGELREGION: ÜBERALL IN ASIEN

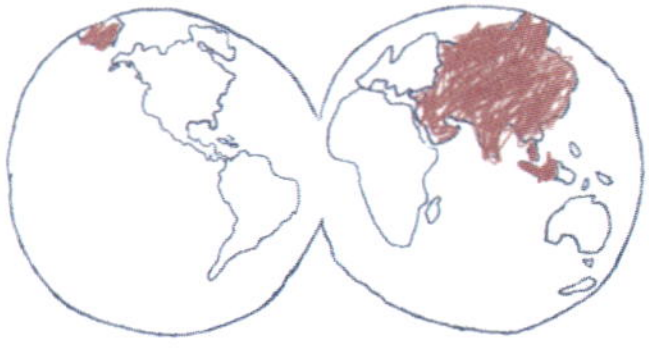

Vollpfostgans

Honklärmvogel

Anhima cornuta
Trivialname: Hornwehrvogel

Diese gänsegroßen Vögel sind eng mit den Enten verwandt, haben aber hühnerartige Schnäbel. Außerdem wächst ihnen ein steifer Stachel aus dem Kopf, wodurch sie ganz besonders dumm aussehen. Von allen Vögeln dieser Welt haben Sie zudem den wahrscheinlich lautesten Ruf, was ihnen auf der Liste der gottverdammt-nervtötendsten Vögel der Welt die Spitzenposition einbringt. Es gibt noch andere Schreihälse, aber mit seinen dröhnenden Rufen, die bis zu zwei Meilen weit zu hören sind, ist *Anhima cornuta* der absolute Spitzenreiter. Er klingt dabei wie ein geisteskranker Seehund und ist sogar ein passabler Schwimmer; auch das Fliegen klappt tadellos, aber ein Zugvogel ist er nicht. Ohnehin zieht er es vor, mit seinem dummen Hühnergesicht durch die Gegend zu laufen und herumzuschreien. Jeder wünscht sich, dass er einfach die Klappe halten würde.

VOGELREGION: SÜDAMERIKA

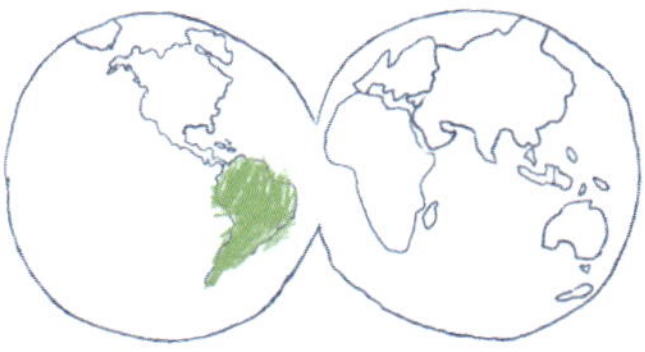

Honklärmvogel

Kommaran

Phalacrocorax carbo
Trivialname: Kormoran

Dieser große, schwarze Wasservogel ist im Meer, in Flussmündungen und sogar in Süßwasserflüssen anzutreffen – im Grunde überall dort, wo er einen Vorrat an Fischen findet, die er seinen blöden, langen Hals hinunterwürgen kann. In Neuseeland wird er manchmal auch *black shag* genannt. Ich habe es nachgeschlagen, und im lokalen Sprachgebrauch bedeutet *shagging* definitiv »Sex haben«. Damit will ich nicht sagen, dass die Neuseeländer gerne Vögel vögeln; ich sage lediglich, dass es einen stutzig macht.

> ***Identifizierung:*** *Schwarzes Federkleid, gelber Schnabel. Unattraktiv, außer für andere Kormorane ... und möglicherweise für bestimmte Neuseeländer.*

VOGELREGION: OZEANIEN

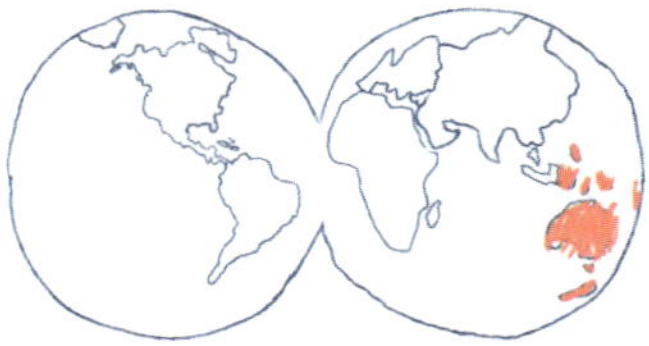

Kommaran

Gelbschuhreiher

Egretta garzetta
Trivialname: Seidenreiher

Das Brutgebiet dieses kleinen Reihers umfasst einen Großteil Südasiens sowie Teile Afrikas und des Nahen Ostens. Seit den späten 1980er-Jahren taucht er sogar im Vereinigten Königreich auf, und ehe man sich versieht, werden diese kleinen, dürren Fischfresser wahrscheinlich überall zu finden sein. Sie sind schlank und elegant, haben einen dünnen, schwarzen Schnabel, ein reinweißes Gefieder, lange, schwarze Beine und – Aufgepasst! – große, gelbe Füße. Ernsthaft, sie sehen aus, als würden sie übergroße gelbe Schuhe tragen.

> ***Hinweis:*** *Auch wenn es so aussieht, tragen sie KEINE Schuhe. Machen Sie diesen Fehler niemals vor einem »seriösen« Vogelbeobachter, denn die können grausam sein.*

VOGELREGION: ASIEN, ABER AUCH VIELE ANDERE GEGENDEN

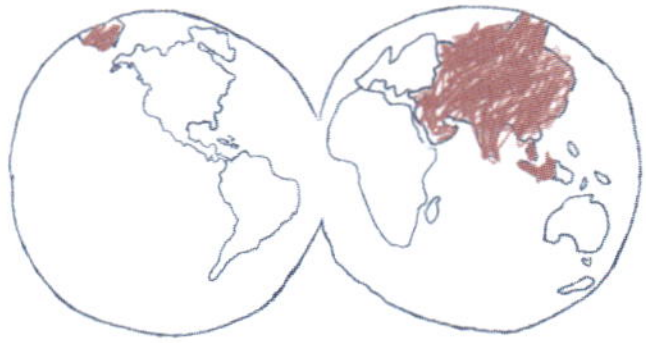

Gelbschuhreiher
KEINE Schuhe

Dröger Gelbschenkel

Tringa flavipes
Trivialname: Kleiner Gelbschenkel

Dieser mittelgroße Küstenvogel ist noch so ein dämlicher Strandläufer mit langen Beinen, die – Sie haben es sicher erraten! – gelb sind. Mit dem Großen Gelbschenkel ist er eigentlich gar nicht so eng verwandt; zwar sehen sie sich sehr ähnlich, doch ist der nächste Verwandte von *Tringa flavipes* in Wirklichkeit sein schwerfälliger Cousin, der Schlammtreter. Abgesehen davon gibt es über diesen Vogel nicht viel zu sagen, außer dass sein Gefieder hellbeige und braun ist – die zwei langweiligsten Farben der Natur.

> **Fun Fact:** *Nichts an diesem Vogel ist spaßig. Ein wahrhaft langweiliger Geselle.*

VOGELREGION: ÜBERALL IN NORDAMERIKA, VERDAMMT NOCH MAL!

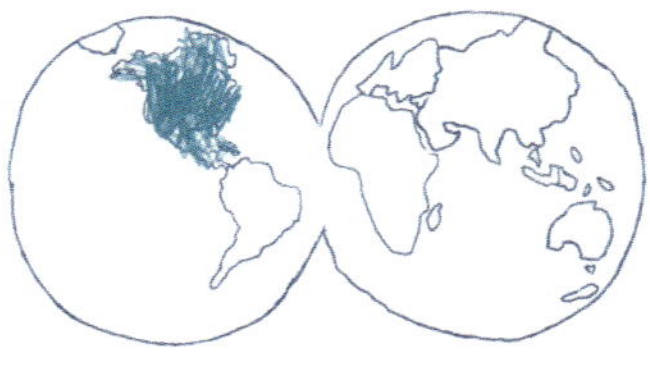

Dröger Gelb-
schenkel

Mördervögel

Diese Vögel sind speziell für das Töten designt, und das finden sie auch gut so. Man erkennt sie leicht an ihren scharfen Krallen und den hakenförmigen Schnäbeln, mit denen sie erst ihre Beute packen, um ihr dann das Fleisch aus dem Leib zu reißen. Sie kennen weder Mitleid noch Reue, aber einen hübschen Mord wissen Sie allzeit zu schätzen.

Mieser Bastard

Buteo buteo
Trivialname: Mäusebussard

In den Vereinigten Staaten würde man diesen mittelgroßen Vertreter aus der Familie der *Accipitridae* als Habicht bezeichnen, doch der Rest der Welt besteht darauf, ihn einen Bussard zu nennen. Wie alle Raubvögel hat er einen hakenförmigen Schnabel und scharfe Krallen und verfügt somit über das perfekte Rüstzeug für das Töten von Kleintieren. Obwohl *Buteo buteo* in erster Linie Nagetiere jagt, frisst er manchmal auch Aas, vermutlich, weil das Leben als Vollzeit-Raubvogel einfach zu anstrengend ist. Gelegentlich erbeutet er auch andere Vögel. Klingt erstmal heftig, aber die meisten Kleinvögel können diesen Schwachkopf locker ausmanövrieren, sodass er es für gewöhnlich bei halbherzigen Versuchen belässt, ein ungeschütztes Nest zu plündern.

Fun Fact: *Man sieht ihn oft durch die Lüfte schweben, als würde er jagen, während er in Wirklichkeit nur herumbummelt.*

VOGELREGION: EUROPA, DORT ABER AUS IRGENDWELCHEN GRÜNDEN VOR ALLEM IM VEREINIGTEN KÖNIGREICH

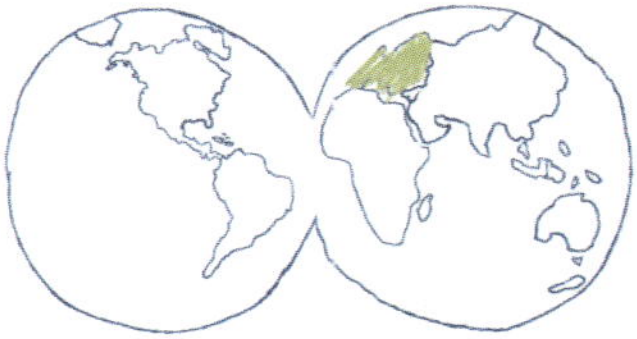

Mieser Bastard

Grobschwanzbastard

Buteo jamaicensis
Trivialname: Rotschwanzbussard

Man sehe sich diesen selbstgefälligen Arsch an. Es ist nicht zu übersehen, dass er sich für einen ganz heißen Typen hält. Aber davon darf man sich nicht täuschen lassen, denn oft wird er von kleineren Vögeln wie Krähen gejagt. Er ist fast überall in Nordamerika anzutreffen, sogar in Großstädten wie New York, was der Grund dafür sein könnte, dass er so ein überheblicher Depp ist. Manchmal tötet er Tauben, das immerhin spricht für ihn, aber im Grunde ist er auch bloß so ein Arschloch mit Krallen und einer hohen Meinung von sich selbst.

VOGELREGION: GANZ NORDAMERIKA

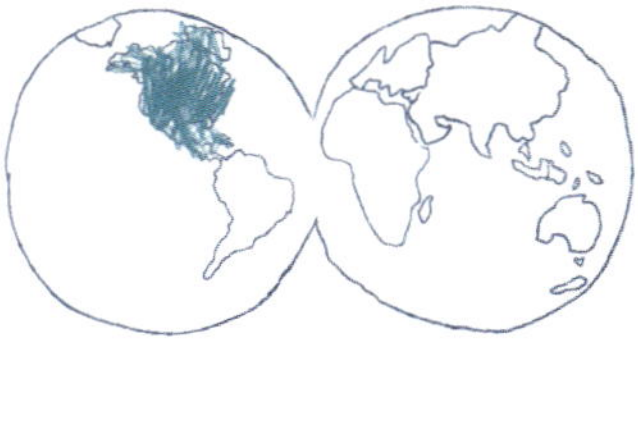

Narzist?
Muss immer mit seinem leuchtend roten Schwanz angeben. Interessiert nur keinen.
Großschwanzbastard

Teil 3

Vögel im Laufe der Geschichte

Wenn Sie sich dieser Definition eines Vogels anschließen, dann gibt es Vögel seit dem Auftauchen des Archaeopteryx in der späten Jurazeit. In den seitdem vergangenen rund 145 Millionen Jahren hat die Evolution ihr träges Werk an ihnen verrichtet, also schon lange bevor die ersten Menschen überhaupt auf der Bildfläche erschienen sind.

Die ersten Vertreter der Gattung Homo tauchten vor etwa 2,5 Millionen Jahren in Afrika auf, und es dauerte weitere 500 000 Jahre, bis sie sich in Eurasien ausbreiteten. Über diese frühen Menschen ist nur wenig bekannt, und noch weniger ist darüber bekannt, in welcher Weise sie mit den Vögeln der prähistorischen Ära interagiert haben mögen. Es darf jedoch gemutmaßt werden, dass die gefiederten Luftbewohner zu dieser Zeit zum ersten Mal ein tiefes Gefühl von Verärgerung in den sich entwickelnden Gehirnen unserer Vorfahren hervorriefen.

Wir werden nie erfahren, welche kruden Flüche eine vergessene Sammlerin der *Homo habilis* ausstieß, als sie Steine nach einem Vogel warf, der ihr die mühsam gesammelten Beeren stahl. Es wird auf ewig unserer Fantasie überlassen bleiben, welche unflätigen Verwünschungen in die Luft geschleudert wurden, als ein unglückseliger Neandertaler auf der Jagd nach Steinböcken eine Felswand erklomm, nur um festzustellen, dass sich seine Finger in prähistorische Taubenscheiße krallten. Denn obwohl wir Menschen diesen Planeten seit etwa 2,5 Millionen Jahren bevölkern, ist es uns erst in den letzten

5 000 Jahren gelungen, Aufzeichnungen über unsere Geschichte und Kultur zu hinterlassen. Dennoch ist klar, dass Vögel unser kollektives Unterbewusstsein geprägt haben, denn sie tauchen quer durch alle Kulturen hindurch immer wieder in den Schriften und Kunstwerken der Menschheit auf.

Im Folgenden finden Sie eine kleine Auswahl menschlicher Artefakte mit Vogelbezug. Diese Objekte und Kunstwerke stellen Vögel in unterschiedlichsten Formen dar. Ob diese historischen Darstellungen von Vögeln nun dekorative Verzierungen auf Alltagsgegenständen sind oder eine symbolische Rolle in der Allegorie eines Künstlers spielen: Sie sind allesamt Beleg für unsere uralte Beziehung zu Vögeln.

Durch das Studium von Kunst- und Alltagsdarstellungen können wir ein besseres Verständnis für die Menschheitsgeschichte zu unterschiedlichen Zeiten und an verschiedenen Orten gewinnen. Wir können versuchen, die Welt mit den Augen unserer Vorfahren zu sehen. Indem wir untersuchen, wie etwas dargestellt ist, können wir uns eine Ahnung davon verschaffen, was es im Kontext seiner Zeit für eine Bedeutung gehabt haben mag.

Obwohl ich mich diesem Forschungsthema fortwährend widme, vermag die hier vorgestellte kleine Auswahl nur an der Oberfläche zu kratzen. Allerdings lässt sie sicherlich erahnen, was die Menschen seit 2,5 Millionen Jahren tief im Herzen wissen: Vögel sind das Schlimmste.

Grabkapelle des Raemkai (Westmauer)

etwa 2446 bis 2389 v. Chr.

Ägypten

Die untere Steinreihe dieser ägyptischen Grabwand stellt eine faszinierende Vogeljagd-Szene dar. In der Mitte ist eine Reihe von Männern zu sehen, die die Leine eines großen Netzes zu ihrer Rechten straffziehen, das mit vielen unterschiedlichen Vögeln gefüllt ist. Einer der Männer auf der rechten Seite (*fig. b*) hält triumphierend ein Handtuch über seinen Kopf! Ganz links ist eine andere Figur (*fig. a*) zu sehen, die vielleicht nicht zu der Gruppe gehört und die zu sagen scheint: »Müht euch nicht ab mit diesem Netz; diese Vögel sind so dumm, dass man sie bündelweise am Hals packen kann.«

fig. a

fig. b

Goldring

Spätes 5. Jahrhundert v. Chr.

Griechenland

Das Relief auf diesem Ring aus dem antiken Griechenland zeigt Eros, der einer sitzenden Frau einen Vogel präsentiert. Man beachte, wie sie sich nach vorne beugt. Ihr Gesicht und ihre Haltung zeugen von Resolution und Entschlossenheit, ja vielleicht sogar von gerechtem Zorn, während sie den dummen Cherub für diese Unverschämtheit erwürgt.

Tempeljunge aus Kalkstein

Spätes 5. Jahrhundert v. Chr.

Zypern

Dieser aus Kalkstein gemeißelte Tempeljunge sitzt in lässiger Position und drückt mit einer Hand einen Vogel an dessen Flügeln zu Boden. In der anderen Hand hält er etwas, das wie ein kleiner Stein aussieht. Ein leichter Ausdruck schuldbewusster Erwartung auf seinem Gesicht verrät uns, was als Nächstes wahrscheinlich passieren wird.

Öllampe aus Terrakotta

etwa 40 bis 100 n. Chr.

Römisches Reich

Diese römische Öllampe aus Terrakotta war sicherlich ein funktionales Objekt, und die Darstellung eines einsamen Vögelchens auf einem Ast in der Mitte des Ölbeckens könnte rein dekorative Gründe haben. Aber deutet sie nicht auch darauf hin, dass der Hersteller davon träumte, Vögel in Brand zu setzen? Es ist wohl anzunehmen.

Handspiegel mit Vögeln

2. bis 7. Jahrhundert

Moche-Kultur

In den Tälern entlang der Nordküste des alten Peru gedieh vom 1. bis zum 8. Jahrhundert die Moche-Kultur. Dieser dekorative Moche-Handspiegel erinnert uns daran, dass die Völker der Antike wohl nicht weniger eitel waren, als wir es heute sind. Der Künstler, der ihn geschaffen hat, wollte damit sicherlich in erster Linie ein funktionales Objekt schaffen, doch scheint sich der dekorative Rahmen an den Besitzer zu wenden und zu sagen: »Ja, du siehst gut aus, aber vergiss die Vögel nicht. Sie sind überall. Du kannst ihnen nicht entkommen. Sie beobachten dich.«

Medaillon mit Bogenschütze und Vogel

etwa 1240 bis 1260

Frankreich

Über dieses Medaillon aus dem Frankreich des 13. Jahrhunderts ist nur wenig bekannt, doch wissen wir, dass die mittelalterlichen Bogenschützen sehr geschickt im Umgang mit ihren mächtigen Langbögen waren. Mit einem solchen Bogen aus vielleicht fünfzehn Zentimetern Entfernung auf einen Vogel zu schießen, wie man es hier dargestellt sieht, zeugt sicherlich von dem überwältigenden Wunsch, dem elenden Vogel die verdammte Lampe auszuknipsen.

Eros stiehlt des Menschen Schild

Agostino Veneziano (Agostino de Musi)

etwa 1514 bis 1535

Italien

Ja, ja, schon klar, eine Metapher dafür, wie Liebe und Begehren uns unserer emotionalen Panzerung berauben und bla bla bla … Ich kann die Kunsthistoriker förmlich hören, wie sie hochmütig ihre scharfsinnigen Deutungen dieses Motivs eines Stichs aus dem 16. Jahrhundert begackern. Aber niemand scheint zu bemerken, dass dieser Diebstahl durch die Darstellung eines *fliegenden* kleinen Scheißers inszeniert wird. Ganz offensichtlich wird Eros hier als Metapher für Vögel verwendet, denn der kleine Straftäter flieht mit gefiederten Flügeln vom Tatort, bepackt mit Dingen, die ihm nicht gehören. Genau das würde auch ein Vogel tun, wenn man die Pommes-Schale für ein paar Sekunden abstellt, um das Bier zu bezahlen. Man beachte auch, wie selbstzufrieden der pausbäckige Bastard aussieht.

Schlafendes Herkules-Kind

Wenzel Hollar

etwa 1639

Böhmen

Der 1607 in Prag geborene Wenzel Hollar war einer der produktivsten böhmischen Künstler des 17. Jahrhunderts, bekannt insbesondere für seine Radierungen. Auf dieser Arbeit zeigt er uns einen kleinen Herkules, der im Schatten eines Baumes schläft, während über ihm zwei Vögel in den Ästen umherschwirren und sein friedliches Nickerchen stören. Wunderbar eingefangen hat Hollar den schläfrigen, halb wachen und verwirrten Blick, der zu sagen scheint: »Was zum Geier macht ihr da, ihr Vögel? Geht's noch?« Der kleine Herkules muss sich nun entscheiden, ob er versucht, wieder einzuschlafen – in der Hoffnung, dass die Vögel Leine ziehen –, oder ob er die Sache mit dem Mittagsschlaf aufgibt, um sich seine Keule zu schnappen …

Mimizuku Uso

Utamaro Kitagawa

1790

Japan

Der Künstler Utamaro Kitagawa (1753 bis 1806), Meister des Ukiyo-e-Holzschnitts, präsentiert dem Betrachter eine Eule, die neben einem geschwätzigen Gimpel-Pärchen sitzt. (Letztere sind eindeutig Vertreter des graubäuchigen, in Eurasien beheimateten Japan-Gimpels, *Pyrrhula pyrrhula griseiventris*.) Das lästige Geplapper des Duos über Samen und Fruchtknospen scheint schlicht kein Ende finden zu wollen, weshalb die Eule ungläubig mit den Augen rollt. Das Kunstwerk ist so einfühlsam gearbeitet, dass man den Wunsch des Künstlers zu spüren glaubt, die Eule möge die Gimpel fressen – und sei es nur, damit sie endlich den Schnabel halten.

Junge Frau mit Ibis

Edgar Degas

1860 bis 1862

Frankreich

Als Degas die ursprünglichen Skizzen für dieses Gemälde anfertigte, hatte es sich lediglich um das Porträt einer Frau gehandelt – Vögel waren darauf nicht zu finden. Warum er später zwei große, rote Ibisse zu Seiten dieser armen Frau einfügte – elende Vögel, die sie bedrängen und sich einen Dreck um ihre Privatsphäre scheren –, ist ein echtes Rätsel. Vielleicht hatte er sich zwischen dem Zeichnen der Skizzen und dem Erstellen des Gemäldes mit der rätselhaften jungen Dame zerstritten. Wahrscheinlich wollte er ihr einen reindrücken: »Hallo, kennst du mich noch? Hier ist dein verdammtes Porträt. Ich hoffe, du magst große, rote Scheißvögel.«

Teil 4

Mit Vögeln auskommen

Fakt Nr. 1: Vögel sind überall.

Fakt Nr. 2: Wir und unsere Gefühle sind ihnen scheißegal.

Bei der Beobachtung von Vögeln müssen wir uns an einen ethischen Kodex halten; ansonsten sind wir keinen Deut besser als sie. Das ist ein frustrierendes Ungleichgewicht, das sich manchmal unfair anfühlen kann, um das ganz deutlich zu sagen. Integres Verhalten und die Fähigkeit, den Bedürfnissen eines anderen Lebewesens mit dem nötigen Einfühlungsvermögen zu begegnen, kann uns jedoch auch Vorteile verschaffen. Beispielsweise berechtigen uns diese Eigenschaften in einem gewissen Maße dazu, auch auf vorhandene Defizite besagter Lebewesen hinzuweisen. Ja, man könnte es sogar als moralische Pflicht begreifen, diese Form von Kritik zu üben. Denn vielleicht besteht gar die Möglichkeit, dass sich diese Kreatur einige Ihrer Beobachtungen und Anmerkungen zu Herzen nimmt. Vielleicht überlegt sie es sich nun zwei Mal, bevor sie mutwillig Ihr Auto vollscheißt oder ihnen sämtliche Kirschen vom Baum frisst, noch bevor diese überhaupt genussreif sind. Immerhin sind es ja Ihre gottverdammten Kirschen, nicht wahr? Aber warum sollten sich ein paar elende Vögel darum scheren? Ist es denn wirklich zu viel verlangt, vielleicht einfach mal genug Kirschen für einen Kuchen oder ein Dessert am Baum zu lassen?

Doch ich schweife ab.

Wo war ich stehengeblieben? Ach ja, die Ethik der Vogelbeobachtung. Verschiedene Verbände haben es als notwendig erachtet, entsprechende Regelwerke vorzulegen, denn wo sonst läge der Sinn darin, der Beobachtung von Vögeln gleich einen ganzen Verein zu widmen, inklusive Vorstandswahlen und penibel geführten Sitzungsprotokollen. Dann gäbe es ja nur eine Menge Leute, die ganz ohne Regeln Vögel beobachten, und da schieben wir doch lieber gleich einen Riegel vor, oder etwa nicht? Sie können jedenfalls all diese Regeln im Internet nachlesen, wenn Sie das möchten, aber im Groben und Ganzen läuft es meistens auf die folgenden Grundprinzipien hinaus:

1. Das Wohl der Vögel steht an erster Stelle.
2. Bemühen Sie sich, die Vögel nicht zu stören oder deren Verhalten zu beeinflussen.
3. Nehmen Sie Rücksicht auf die Vögel und kommen Sie ihnen und ihren Nestern nicht zu nahe.
4. Tragen Sie gedeckte Farben und versuchen Sie, sich der natürlichen Umgebung anzupassen, damit Sie die Vögel nicht erschrecken. (Ich habe festgestellt, dass ein weiterer Vorteil dieser Regel darin besteht, dass man sich vor anderen Vogelbeobachtern viel leichter verstecken kann, was gut ist, da viele von ihnen ziemlich nervig sind.)
5. Verwenden Sie keine Tonwiedergabe oder Rufe, um Vögel anzulocken. Diese können dadurch von wichtigen Aufgaben wie dem Füttern und Brüten abgelenkt werden, weil sie dumm sind.
6. Keine Blitzlichtaufnahmen; Vögel mögen das nicht.
7. Nehmen Sie keine Vögel in die Hand.
8. Schreien Sie die Vögel nicht an.
9. Rücken Sie den Vögeln nicht zu sehr auf die Pelle.
10. Bedienen Sie sich der üblichen Höflichkeitsregeln.*

* »Es sollte eigentlich unnötig sein, diesen Punkt eigens in den Regeln aufzuführen, aber nach dem, was bei der letzten Sitzung der Ornithologischen Gesellschaft passiert ist, hielten wir es für notwendig. Genug davon. Aber jeder weiß, dass du gemeint bist, Bernd.«

Wie Sie sehen können, sind diese Regeln ziemlich vogelzentriert. Aber was soll's.

Wenn Sie Wert darauf legen, dass man Ihnen mit Höflichkeit begegnet und Ihre Gefühle und Grenzen respektiert, dann schlage ich vor, dass Sie das mit der Vogelbeobachtung bleibenlassen und sich stattdessen ein anderes Hobby suchen. Denn Vögel sind selbstsüchtige Arschlöcher, die es einen feuchten Kehricht schert, wenn sie Ihnen den Tag ruinieren, indem sie Ihr perfekt geplantes Picknick am Strand mit Sturzflügen zerstören.

Letztendlich bleibt uns als Vogelbeobachter nichts anderes übrig: Wir *müssen* diesen Moralkodex schlicht und einfach befolgen, ganz gleich, wie wir wirklich über Vögel denken. Andernfalls verlieren wir die moralische Oberhand, und die Vögel fangen an zu glauben, dass sie besser sind als wir. Und glauben Sie mir: Alles, was dann noch folgt, ist eine Abwärtsspirale ins Chaos.

Ich habe die Regeln allerdings überprüft, und nirgends wird explizit gesagt, dass es verboten ist, mit Nachdruck unhöfliche Handgesten einzusetzen, wenn eine Gruppe von Seeschwalben über Sie hinwegfliegt und Sie mitten im Satz mit lautem, nervtötendem Geschrei unterbricht.

Viel Erfolg und frohe Vogelbeobachtung

Teil 5

Erweitern Sie Ihr Wissen (Ressourcen und Übungen für Vogelkundler)

VÖGEL UND IHRE CHARAKTERZÜGE: BILDEN SIE WORTPAARE

Testen Sie Ihr Wissen! Mit dieser Übung können Sie auf unterhaltsame Weise herausfinden, wie viel Sie über bekannte Vogelarten und ihre allgemeinen Charakterzüge wissen. Ziehen Sie von jedem Eigenschaftswort eine Linie zu der Vogelart, die es beschreibt. (Die Antworten finden Sie auf der darauffolgenden Seite.)

> **Hinweis:** *Manchen Vögeln kann mehr als ein Eigenschaftswort zugeordnet werden, und manche Eigenschaftswörter können mehr als eine Vogelart beschreiben. Das mag keine saubere Lösung sein, aber das sind Vögel ja auch nicht.*

Erregbar	Finken, Zaunkönige und Grasmücken
Energisch	Enten
Sozial	Gänse
Aggressiv	Fasane und Moorhühner
Desorganisiert	Kolibris
Wertend	Krähen und Raben
Narzisstisch	Spechte
Unbeholfen	Reiher
Schamlos	Kleiber und Baumläufer
Egoistisch	Habichte und Bussarde

VÖGEL UND IHRE CHARAKTERZÜGE: DIE LÖSUNGEN

Wollen wir doch mal sehen, wie viel Sie wussten! Zählen Sie – beginnend mit Null – für jedes richtig benannte Paar einen Punkt hinzu. Für jedes *falsch* benannte Paar ziehen Sie einen Punkt ab. Vergleichen Sie ihr Ergebnis anschließend mit der Auswertungstabelle auf der nächsten Seite.

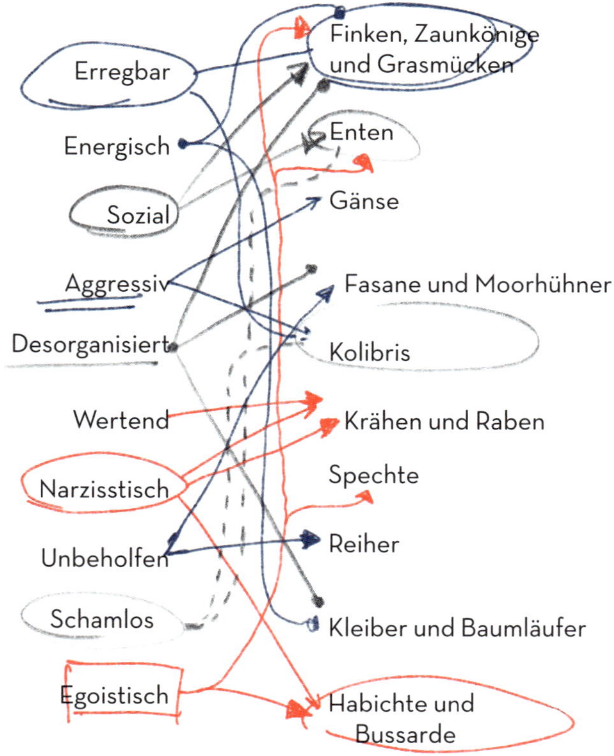

Auswertung

-4 Punkte oder weniger	Wow, das hier ist echt nicht ihr Ding, oder?
-3 bis 0 Punkte	Es scheint fast so, als wäre Ihnen das alles egal. In diesem Falle ist das aber genaugenommen vielleicht auch eine gesunde Einstellung.
1 bis 6 Punkte	Gut gemacht. Sie kennen sich ein wenig aus, wenn's um Vögel geht.
7 bis 12 Punkte	Ach, auf einmal sind wir also ein Vogelexperte, ja?
13 oder mehr Punkte	Mal im Ernst jetzt: Angeber kann niemand ausstehen.

KLEINER INDEX DER VOGELBESCHREIBUNG

Wenn Sie Vögel studieren, beobachten und bestimmen wollen, ist es hilfreich, auffällige Merkmale und allgemeine Eindrücke zu notieren. Zu diesem Zwecke können Sie gerne diese einfache Checkliste in Ihr Feldnotizbuch kopieren. Sie können eine Fotokopie dieser Buchseite für den persönlichen Gebrauch machen, aber verraten Sie meinem Verleger nicht, dass ich Ihnen das gesagt habe.

GRÖSSE
- ☐ Klein
- ☐ Zu klein
- ☐ Mittelgroß
- ☐ Fett
- ☐ Groß

KÖRPERHALTUNG (SITZEND ODER STEHEND)
- ☐ Normal
- ☐ Aufrecht
- ☐ Lässig
- ☐ Steif
- ☐ Krumm und Bucklig

VERHALTENSWEISEN
- ☐ Hüpft viel herum
- ☐ Sitzt einfach nur da
- ☐ Kann nicht stillhalten
- ☐ Rennt
- ☐ Scharrt / Gräbt
- ☐ Fliegt umher
- ☐ Schwimmt
- ☐ Treibt nur auf dem Wasser
- ☐ Starrt mich unverhohlen an
- ☐ Pickt
- ☐ Klaut
- ☐ (Sonstiges) ________

FLUG
- ☐ Standard
- ☐ Substandard
- ☐ Schnelles flattern
- ☐ Segel- oder Sturzflug
- ☐ Erratisch / blöd

PERSÖNLICHKEIT
- ☐ Energisch
- ☐ Fröhlich / dümmlich
- ☐ Gierig
- ☐ Faul / selbstgerecht
- ☐ Lautstark
- ☐ Übertrieben selbstbewusst
- ☐ Dröge / langweilig
- ☐ Unverschämt
- ☐ (Sonstiges) ________

ALLGEMEINER EINDRUCK
- ☐ Typischer Vogel eben
- ☐ Okay, aber nichts Besonderes
- ☐ Nervt ein wenig
- ☐ Kompletter Langweiler
- ☐ Das »A« steht für »Arschloch«
- ☐ Führt Böses im Schilde
- ☐ Vermutlich kleptoman
- ☐ (Sonstiges) ________

DER ERSTE EINDRUCK ZÄHLT: VOGELBESTIMMUNG AUF DIE SCHNELLE

Selbst einem erfahrenen Vogelbeobachter kann es schwerfallen, einen Vogel eindeutig zu identifizieren, wenn sich dieser besonders schnell bewegt oder nicht im Ganzen zu sehen ist. Aus diesem Grunde habe ich meine jahrelange Erfahrung gebündelt und hier zusammengetragen. Ich präsentiere: **V**ogelbestimmung **o**hne **g**enau **e**rkennbare **Ä**ußerlichkeiten **l**ernen (VogeÄl). Mit etwas Übung sollten Sie imstande sein, einen Vogel akkurat zu beschreiben und somit leichter identifizieren zu können, selbst wenn sie nur einen raschen Blick auf ihn werfen konnten.

WIE SIE EINEN VOGEL ZEICHNEN

Wie zeichnet man einen Vogel? Das ist eine gute Frage, und ich bin kaum qualifiziert, sie zu beantworten. Für mich begann das Zeichnen von Vögeln als eine Übung, um zu dokumentieren, was ich im Feld sah. Diese anfänglichen Zeichnungen waren skizzenhaft und ohne Raffinesse, aber im Laufe der Zeit und nach reichlich Übung gelang es mir besser, die Persönlichkeit der Vögel einzufangen, selbst wenn ihr tatsächliches Erscheinungsbild weniger gut getroffen war.

Tatsache ist, dass es nicht notwendig ist, die Proportionen exakt zu erfassen. Man muss auch nicht jede Farbe und jedes Detail des Gefieders zu Papier bringen, als wäre man ein moderner John James Audubon. Schließlich hat dieser farbklecksende Besserwisser das schon erledigt – vor beinahe 200 Jahren. Außerdem wurde inzwischen die Kamera erfunden, und seien wir ehrlich: Sie werden einen Vogel niemals genauer einfangen können als mit einer teuren Kamera. Dennoch würden viele große Porträtkünstler Ihnen sicherlich bestätigen, dass sich noch immer ein Gefühl großer Befriedigung einstellt, wenn man mit eigener Hand das wahre Wesen des kleinen Scheißers einfängt, der da vor einem im Geäst hockt.

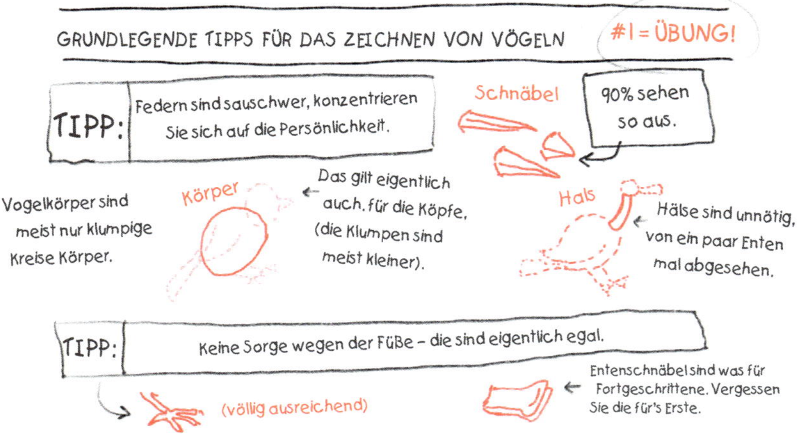

ZEICHNEN SIE IHREN EIGENEN DÄMLICHEN VOGEL

Langsam hab' ich genug von dem Kram. Zeichnen Sie doch einfach selbst einen Vogel, Hergott nochmal.

Üben Sie hier zu zeichnen.

Versuchen Sie, die Persönlichkeit einzufangen.

Danksagung

Besonderer Dank gilt meiner Lektorin Becca Hunt; nicht nur, weil es ein Vergnügen ist, mit ihr zu arbeiten, sondern auch weil ihr scharfer Verstand, ihr Sinn für Humor und ihre schriftstellerischen Fähigkeiten zweifellos dazu beigetragen haben, dass dieses Buch besser geworden ist, als es ohne sie der Fall gewesen wäre. Vielen Dank an alle Mitarbeiterinnen und Mitarbeiter von Chronicle Books, die die Entstehung dieses Werkes mit Einsatz und Expertise begleitet haben. Sie haben auf Gedeih und Verderb dazu beigetragen, dieses Buch in die Welt zu setzen, sodass es seinen Weg in die Hände der Menschen finden konnte. Von Herzen danke ich meiner Agentin Rosie Jonker, die mich von Anfang an verstanden hat und deren Rat, Zuspruch und harte Arbeit mich immer wieder aufs Neue begeistern. Ich schätze mich glücklich, sie auf meiner Seite zu wissen. Und ich danke vor allem auch meiner leidgeprüften Frau Gina: Es bräuchte einen weitaus besseren Autor als mich, um Worte zu finden, die meine tiefe Dankbarkeit für deine Unterstützung, deine Liebe und deinen unerschütterlichen Glauben an mich und meine verrückten Ideen zum Ausdruck bringen könnten.

Danke euch allen: Es ehrt mich ungemein, solch großartige Menschen in meinem Leben zu haben.

Literaturverzeichnis

BÜCHER UND KUNSTWERKE

Birkhead, T. R. & Charmantier, I. (2009, Dezember 15): »History of Ornithology.« *Wiley Online Library.*

Cartwright, Mark (2014, August 20): »Moche Civilization.« *Ancient History Encyclopedia (ancient.eu).*

Coghlan, Andy (2014, August 7): »Cunning Neanderthals Hunted and Ate Wild Pigeons.« *NewScientist.com.*

Darwin, Charles (1837): »Notes on *Rhea americana* and *Rhea darwinii.*« *Proceedings of the Zoological Society of London* 5 (51): S. 35–36. *Darwin Online.*

Fisher, Celia (2014): *The Magic of Birds.* London: The British Library.

Harari, Yuval Noah (2018): *Sapiens: A Brief History of Humankind.* New York: Harper Perennial.

Hardy, Jack (2015, Juni 10): »Robin Crowned as Britain's National Bird after 200,000-strong Ballot.« *Independent.co.uk.*

Haupt, Lyanda Lynn (2009): *Pilgrim on the Great Bird Continent: The Importance of Everything and Other Lessons from Darwin's Lost Notebooks*. New York: Little, Brown and Company.

Lotz, C.; Caddick, J.; Forner, M. & Cherry, M. (2013, Januar): »Beyond Just Species: Is Africa the Most Taxonomically Diverse Bird Continent?« *South African Journal of Science* 109 (5-6): S. 1-4.

Nicholls, Henry (2015, April): »The Truth About Magpies.« *BBC.com*.

Reader's Digest Editors (1990): *Book of North American Birds*. Pleasantville, New York Reader's Digest Association.

Strauss, Bob (2019, Juni 7): »10 Facts About the Passenger Pigeon.« *ThoughtCo.com*.

Strauss, Bob (2020, Januar 21): »Prehistoric Life During the Pleistocene Epoch.« *ThoughtCo.com*.

WEBSITES

www.beautyofbirds.com
www.livingwithbirds.com/tweetapedia
www.metmuseum.org
www.onekindplanet.org
www.rspb.org.uk
www.wikipedia.org